適合可動
人偶&娃娃

第一次製作
1/12 袖珍娃娃
服裝設計

基本款的縫製方法與訣竅

Affetto Amoroso

CONTENTS

前言

　　首先，感謝大家的青睞，從許多娃娃服裝製作書籍裡選中這本書。在各類娃娃服裝裡，這本書中的尺寸更迷小，是 1/12 袖珍娃娃的服裝製作方法與紙型。

　　我們決定收錄的這些款式和紙型，希望能讓讀者在家開心為可愛娃娃人偶親手製作衣服、換裝。

　　服裝袖珍迷你，尺寸小巧，約在兩手間距內就可掌握，製作時不占空間，使用少量的布料就可製作完成。大家使用家中的碎布或是手作坊的零碼布就可以輕鬆動手，我們還介紹了利用接著劑製作的方法，盡量減少需要縫紉的步驟。建議不熟悉服裝製作的讀者，一開始先試試用接著劑製作服裝的方法。有製作的經驗、熟悉步驟後，再嘗試手工縫紉，甚至用縫紉機縫製等，能因此讓大家對服裝製作產生興趣，就太好了！
希望這些內容能讓大家的娃娃變得更加可愛，這樣就太令人開心了。

AffettoAmoroso　hinaki

Model：深音
服裝製作：T恤A（連帽設計）p30、
　　　　　短褲A（線條設計）p42
OBITSUBODY®.

Model：PICCO 男子（新屋敷翼、有藤陸）
服裝製作：左：T恤E（連帽設計）p30、
　　　　　　長褲A p56、襪子E p117
　　　　　右：短袖襯衫 p69、長褲E p56
©AZONE INTERNATIONAL

Model：PICCO 男子〔新屋敷翼、有藤陸〕
服裝製作：左：短袖襯衫 p69、長褲 E（短版設計）p56
　　　　　右：T恤 E p30、窄管長褲 p56、皮帶 p121
©AZONE INTERNATIONAL

Model：Cu-poche 口袋人 Friends 系列〔Dino、Ewan〕
服裝製作：T 恤 C p30、工裝長褲 C p50、皮帶 p121
© KOTOBUKIYA

Model：深音
服裝製作：T恤 A p30、貓耳連帽背心（連帽變形設計）p104
　　　　短褲 A p42、褲襪 A p119
OBITSUBODY®.

Model：女神裝置〔朱羅 弓兵 影衣、SOL Hornet 雀蜂〕
服裝製作：左：連帽連身裙 p83、褲襪 D p119
　　　　　右：T恤 D（蕾絲設計）p30、短褲 A p42、褲襪 D p119
© KOTOBUKIYA・RAMPAGE　©Masaki Apsy

Model：Custom Lily TYPE-C〔白色〕
服裝製作：連帽連身裙（短袖設計）p83、襪子 B p117
©AZONE INTERNATIONALL/acus

Model：Cu-poche 口袋人 Friends 系列〔Dino、小紅帽〕
服裝製作：左：連帽上衣 p79、短褲 C p46、襪子 C p117
　　　　　右：連帽上衣 p79、緊身裙 C p66、襪子 C p117
© KOTOBUKIYA

12

Model：黏土娃〔愛麗絲〕
服裝製作：連帽上衣 p79、針織哈倫褲（線條設計）p39
© GOOD SMILE COMPANY

Model：Custom Lily TYPE-A〔淺棕色〕
服裝製作：無袖連身裙 p89、窄管長褲 p56
©AZONE INTERNATIONALL/acus

14

Model：女神裝置〔SOL Road Runner 走鵑鳥、SOL Hornet 雀蜂〕
服裝製作：左：無袖連身裙 p89、緊身裙 D p66
　　　　　右：連帽連身裙（短袖設計）p83
© KOTOBUKIYA · RAMPAGE　©Masaki Apsy

Model：Cu-poche 口袋人 Friends 系列〔小紅帽〕
服裝製作：無袖連身裙 p89、褲襪 C p119
© KOTOBUKIYA

Model：深音、EMMA〔Amethyst〕
服裝製作：左：Ｔ恤Ａ p30、針織哈倫褲 p39
右：翻領連身裙（無領設計）p99
OBITSUBODY®.

Mode：黏土娃〔Emily、愛麗絲〕
服裝製作：翻領連身裙 p99、襪子 B p117
© GOOD SMILE COMPANY

Model：Custom Lily TYPE-C〔白色〕、TYPE-A〔淺棕色〕
服裝製作：左：翻領連身裙 p99、緊身裙 D p66、襪子 D p117
　　　　　右：翻領連身裙 p99、長褲 B（短版設計）p42、褲襪 D p119
©AZONE INTERNATIONALL/acus

Model：EMMA〔Amethyst、Indigo〕
服裝製作：短袖連身裙 p93
OBITSUBODY®.

Model：Cu-poche 口袋人 Friends 系列〔Dino、小紅帽〕
服裝製作：左：貓耳連帽背心 p104、
　　　　　　T 恤 C（短袖設計）p30、
　　　　　　短褲 C p46、襪子 C p117
　　　　　右：貓耳連帽背心 p104、T 恤 C p30
　　　　　　工裝長褲 p50
© KOTOBUKIYA

Model：黏土娃〔Ryo、白兔〕
服裝製作：左：貓耳連帽背心 p104、
　　　　　　　Ｔ恤Ｂ（緞帶袖設計）p30、
　　　　　　　簡易哈倫褲 p35
　　　　　　右：貓耳連帽背心 p104、
　　　　　　　Ｔ恤Ｂ（橫條拼接袖設計）p30
　　　　　　　簡易哈倫褲 p35
© GOOD SMILE COMPANY

Model：深音、EMMA〔Indigo〕
服裝製作：左：Ｔ恤Ａ（印章、扣眼、拉鍊設計）p30、
　　　　　　長褲Ａ p56、頸圈項鍊 p123
　　　　　右：Ｔ恤Ａ（印章設計）p30、荷葉邊迷你裙Ａ p62
　　　　　褲襪Ａ p119、皮帶 p121、頸圈項鍊 p123
OBITSUBODY®.

Model：黏土娃〔Ryo、Emily〕
服裝製作：左：短袖襯衫 E p69、T 恤 B（短袖設計）p30、
　　　　　　長褲 B（短版設計）p56、襪子 B p117
　　　　　右：翻領連身裙 p99、襪子 B p117
© GOOD SMILE COMPANY

製作1/12袖珍娃娃服裝所需工具

這裡介紹了製作 1/12 袖珍娃娃服裝時，需事先準備的工具。

●輪刀和切割墊

建議使用直徑小（18mm 圓形刀片）的輪刀。切割墊選用 A4 大小的尺寸即可。

●手縫針

建議使用細型手縫針，雖然針孔小穿線較為不便，但容易穿縫布料。也可使用珠繡專用的細針。

●拼布剪刀

與大裁縫剪刀相比，建議使用拼布用或手作用的剪刀，刀刃薄，裁剪順手。

●手縫粗針

使用鬆緊帶和穿繩時，最好選用針尖圓、針孔大的縫針。為了要穿過 4cord 鬆緊帶，建議購買用於棉被針或緞帶刺繡最粗的針。

因為要穿過彈性拷克線的寬度大約 1mm，建議使用手縫皮革時，針孔大、針尖鈍的圓針較為方便。

●定規尺

建議使用 3mm 厚的小定規尺，測量方便。

●布用接著劑

為了作業方便，建議準備暫時固定布料的水性快乾接著劑、防水性佳的接著劑、合成橡膠接著劑。

●記號筆

建議使用記號會隨時間揮發消失，或遇水消失褪色的記號筆較為方便。

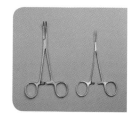

●返裡鉗

除了手作用的返裡鉗，醫療用的蚊式止血鉗的前端細長，也很適合使用。

●珠針

建議使用 0.4mm 的細型珠針，適合用於細布和薄布料。依布料厚薄的差異，有時需使用稍微較粗的珠針。

●拆線器

欲拆除縫線時使用。

●小熨斗

輕巧、升溫快速，使用方便。布料有時需熨燙後才剪裁，所以依照布料尺寸準備大小適中的熨斗即可。也可同時備有較大的熨斗和細部整燙器，視情況區分使用。

●裁縫剪刀

裁剪大面積布料時所需的工具。這是布料專用裁縫剪刀，裁切紙型時，請另外準備裁紙用的剪刀。

服裝製作技巧

這裡介紹了開始動手製作服裝前，
需事先知道的服裝製作技巧。

關於紙型

書中附錄的紙型都已預留縫份，外側的細線為裁剪線，內
側的粗線為完成線。

紙型預留縫份的好處是減少描繪紙型的麻煩，作業方便。
縫製時，只要注意對齊布邊，基本上依照紙型外側的裁剪
線裁切即可，不需要描繪完成線。縫份基本上是 3mm，依
照布料或布片縫合位置會稍有差異。步驟中也有規定從布
邊起算多少 mm，如果想描繪完成線製作，則請事先描繪。
紙型原本就有包含縫份，製作時完成線可當作參考。

關於剪裁

本書很推薦大家使用輪刀裁布。

精確剪裁有助於 1/12 袖珍版服裝的完成度。兩片重疊的
布料，同時用輪刀裁剪，可切出對稱的布片，避免產生差
距。而且，也不會發生「剪出兩片都是右邊袖子」的窘
況。將布料正面往內對摺，用輪刀一次裁切，就可以裁出
左右兩邊袖子，或是左右片上身。如果不習慣使用工具，
覺得輪刀不好使用時，請先在布料描繪出紙型後，再用剪
刀裁剪，或是用珠針將紙型固定於布料，再用剪刀裁剪，
這時請多加留意，小心裁切。

關於步驟

本書的服裝製作方式分為「簡易版」和「進階版」兩種步
驟。如果想盡快完成服裝輪廓，請依照「簡單版」製作，
如果不害怕步驟繁複，想做出如一般服飾的感覺，則請選
擇「進階版」的步驟。

關於布用接著劑

即便只使用接著劑，也能高度完成 1/12 袖珍版服裝，也方便
空間存放，所以多多利用。

書中有的服裝製作方式是運用布用接著劑，盡可能簡化步驟所
完成。也有完成度較高的製作方式，先暫時用接著劑，再用縫
紉機縫線，適用於中高級程度的讀者。塗抹接著劑，最能避免
布料緊縮，減少布片需稱時的差距。接著劑塗抹過多時，會
有礙服裝外觀，塗抹技巧是少量薄塗。

關於尺寸

1/12 袖珍版服裝會因為布料選擇，造成完成度不一的情況。服
裝雖製作完成，卻因為布料的厚薄或是縫製的方式無法穿在娃
娃的身上。為了避免失敗，建議確認是否有可修改的點，如有
必要，還是修改為佳。雖是依照紙型的完成輪廓來製作也很重
要，但大家可以自行視情況調整步驟，才能讓自己喜愛的素體
穿上美美的服裝。

關於縫份

本書的製作方法中，經常使用「摺出縫份後，用接著劑固定」
的標示說明。建議大家在還不熟悉的時候，如果有指定先摺
3mm 時，請先試摺並測量寬度是否為 3mm。反覆多試幾次，
大概就可以知道 3mm 大約有多寬。從布邊摺起 3mm 或 4mm
並不會造成無法穿上的問題。如果只是「袖子有點短」或「下
襬有些長」，還在可以接受的範圍。但是如果在縫合前褲襠
時，應該縫 3mm 卻縫成 4mm，會使整個腰圍減少 2mm，並
接連產生「後褲襠因縫份不夠而無法縫合」、「腰圍太緊穿不
上」、「魔鬼氈黏不牢」等問題。為了避免發生這樣失敗的情
況，在熟悉之前，請邊確認縫份寬度邊作業，才能減少失敗
的可能。紙型上沒有標註縫份寬度的地方都是 3mm，除此之
外，其他各個部位都有標註縫份。每個步驟中也都有說明，請
多參考紙型記號。建議大家先用珠針固定，再用定規尺測量，
標註完成線大概的位置。用縫紉機在布料往內 3mm 縫製時，
先在車針落在縫紉機壓布腳位置的 3mm 處貼上紙膠帶當作車
縫記號。如果可改變縫紉機壓布腳的位置，則將壓布腳右移
2mm，再加上壓線導縫器就可方便車縫。

01／T恤

布料▶莫代爾天竺棉 30S、平滑針織、薄針織布料、
12mm 寬的薄魔鬼氈（依照各尺寸）
※如果使用縫紉機，下線請使用羊毛化纖柔軟線，上線請使用 Resilon 針織車縫專用線較佳。

範例

非背部開口簡單版

背部開口進階版

這是一件簡約長袖 T 恤，介紹了背部開口和非背部開口的兩款服裝製作，還有使用接著劑的簡易版，和針線縫製的進階版。請依照個人喜好選擇服裝製作方式。紙型分別有 ABCDE。B、C 紙型推薦給想製作背部開口款的人。另外，還可以用接著劑黏上喜歡的蕾絲（參考圖片），或衣服印章＋布用墨水添加圖案（參考封面），享受自行設計的樂趣。請在手縫步驟之前蓋印章，並且先將布拉平後才蓋印。如果使用附帽子的紙型，則可製出連帽 T 恤。

裁剪圖示

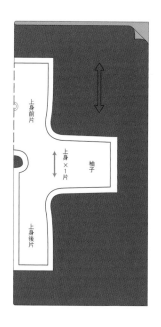

這是本書推薦的裁剪圖示。裁剪布片時，請擺上紙型參考裁切。
紙型影印後，用裁紙剪刀依照外側的裁剪線剪下紙型，並放在對摺布料的摺雙線上。
這時請確認布料的布紋與紙型標示的箭頭方向是否一致。如果方向不一致，使布料的伸縮性與預期不同，可能會產生成品尺寸不對，以及完全不合身的情況。

布料參考：15cm×15cm（T 恤 E）
針織布料為編織製成，具伸縮性，多用於實際尺寸的坦克背心、T 恤、下身、針織布衫。製作娃娃服裝時，使用針織布料，拉扯後能恢復原本大小，而不會無法恢復，這樣才方便幫娃娃換裝，也更符合身形。

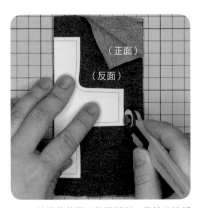

1 依照裁剪圖示放置紙型，用輪刀沿紙型邊緣裁切。

2 用剪刀在領圍剪出記號。

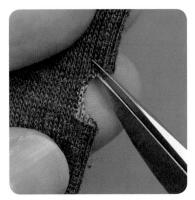

3 在領圍的縫份剪出 2～3mm 的牙口。（剪得過深，領圍會變寬）

4 攤開布料，只在背後中間裁切出中線。

5 領圍布邊往內摺 3mm，用接著劑固定。
簡易版→往步驟 6
進階版→往步驟 7

6 袖口布邊往內摺 3mm，用接著劑固定。
→往步驟 9

7 在領圍布邊往內 1～2mm 處縫線。

8 袖口布邊往內摺 3mm，用接著劑固定，在布邊往內 1～2mm 處縫線。
→往步驟 9

9 從肩膀處將布料正面往內對摺，用珠針固定側邊。

31

10 從袖口到衣襬，在布邊往內 3mm 處縫線，並在縫份剪出牙口。

11 衣襬攤平成一直線，側邊縫份向左右打開。在衣襬的布邊塗上接著劑。
簡易版→往步驟 12
進階版→往步驟 13

簡易版

12 衣襬布邊往內摺 3mm，用接著劑固定。
→**往步驟 14**

進階版

13 衣襬布邊往內摺 3mm，用接著劑固定。在衣襬布邊往內 1～2mm 處縫線。
→**往步驟 14**

從這邊開始，非背部開口與背部開口的服裝製作方式不同。

製作背部開口服裝時→往步驟 18

14 確認衣服背後左右上身布片的長度是否相同。製作時請留意，長度不要出現差異，成品才會漂亮。

15 對齊背後，用珠針固定，在布邊往內 3mm 處縫線。

16 將縫份往左右熨平。（或用接著劑固定）

17 用返裡鉗翻回正面。（剪開袖口過厚縫份）

【背部開口服裝製作方式】

腕手無法完全舉起，或是無法拆除頭部的素體，很難穿上非背部開口的 T 恤，所以建議製作背部開口的 T 恤，並縫上魔鬼氈。

建議用這種方式，製作本書附錄的 B、C 紙型 T 恤。

18 分別在背後剪開的布邊塗上接著劑，往內摺 3mm 黏住固定。請確認左右衣襬長度是否相同。

19 用定規尺測量衣襬長度，依照此長度裁剪魔鬼氈。

簡易版

刺面　　絨面

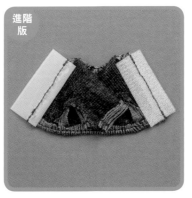

進階版

20 用接著劑將刺面（公扣）固定在左側，絨面（母扣）固定在右側，黏貼時都稍微超出布邊。
→往步驟 22

21 將魔鬼氈縫牢（塗上接著劑，衣片不會緊縮，方便手縫）。
→往步驟 22

22 將魔鬼氈公扣的寬度修剪成 8mm。

23 魔鬼氈母扣沿布邊修剪整齊。

24 用返裡鉗翻回正面，大功告成（剪開袖口過厚縫份）。

02 / 簡易哈倫褲

布料▶細平布、粗棉布、被單布

範例

簡易版

進階版

這篇介紹了褲子的基本製作方式，推薦給第一次製作的初學者。還有使用接著劑的簡易版和針線縫製的進階版。請依照個人喜好選擇服裝製作方式。

裁剪圖示

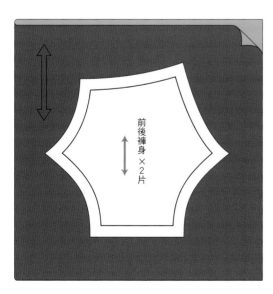

前後褲身×2片

這是本書推薦的裁剪圖示，裁剪布片時請擺上紙型參考裁切。紙型影印後，用裁紙剪刀依照外側的裁剪線剪下紙型，並放在對摺布料的摺雙線上。

這時請確認布料的布紋與紙型標示的箭頭方向是否一致。如果方向不一致，使布料的伸縮性與預期不同，可能會產生成品尺寸不對，以及完全不合身的情況。

布料參考：9cm×18cm
紙型為和緩的曲線輪廓，使用輪刀裁剪也很容易。如果手邊沒有真實尺寸的牛仔褲布料（10～14 盎司），或冬天外套等較厚的布料，也可使用類似的布料製作。夏天的褲款，可使用泡泡紗或棉麻布，冬天的褲款則可使用細燈芯絨等。

1 依照裁剪圖示放置紙型，用輪刀沿紙型邊緣裁切。

2 維持兩片布料重疊，塗上防綻液待乾。

3 用珠針固定前褲襠，在布邊往內 4mm 處縫線。

4 在縫份的弧線處剪出牙口。

5 用熨斗將縫份往左右攤開熨平。

6 在腰圍布邊各處，剪出 3mm 的牙口。
簡易版→往步驟 7
進階版→往步驟 9

7 腰圍布邊往內摺 4mm，用接著劑固定。

8 褲襱布邊往內摺 4mm，用接著劑固定。
→往步驟 14

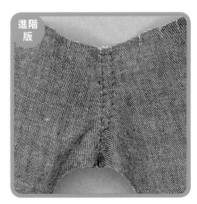

9 在門襟處添加縫線。

10 腰圍布邊往內摺 4mm 熨平，用珠針固定。

11 腰圍布邊往內 2mm 處縫線。

12 褲襬布邊往內摺 4mm 熨平，用珠針固定。

13 褲襬布邊往內 2mm 處縫線。
→往步驟 14

14 布料的厚薄和伸縮性不同，所以須配合素體決定後褲襬的縫份寬度。可試套在素體上，用珠針固定腰圍，確認臀圍大小就可避免失敗。

15 將左右褲片的正面往內摺重疊，用珠針固定後褲襬。

16 在步驟 14 決定的縫份寬度（基本上是 4mm）位置縫線。

17 在縫份處剪出牙口。

18 用熨斗將縫份往左右攤開熨平，用接著劑固定。

19 用珠針固定下襠。

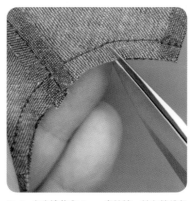

20 在布邊往內 4mm 處縫線，並在縫份各處剪出牙口。

21 用熨斗將縫份往前熨平，再用返裡鉗翻回正面，大功告成！

簡易版 · FINISH!! · Front

簡易版 · Back

進階版 · FINISH!! · Front

進階版 · Back

／ 針織哈倫褲

布料▶ 莫代爾天竺棉 30S、平滑針織、薄針織布料
※如果使用縫紉機,下線請使用羊毛化纖柔軟線,上線請使用 Resilon 針織車縫專用線較佳。

範例

如果成功製作過簡易哈倫褲,接下來就試試使用針織布料製作吧!
紙型和步驟幾乎與簡易哈倫褲相同,但可挑戰腰圍繫上鬆緊帶的步驟。
由於使用具伸縮性的針織布料,加上腰圍有鬆緊帶,這條褲款適合各種素體穿著。

裁剪圖示

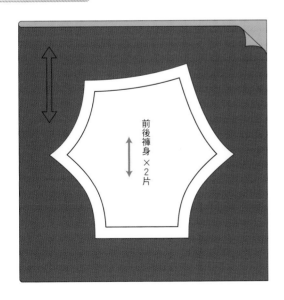

前後褲身×2片

這是本書推薦的裁剪圖示。裁剪布片時,請擺上紙型參考裁切。
紙型影印後,用裁紙剪刀依照外側的裁剪線剪下紙型,並放在對摺布料的摺雙線上。
這時請確認布料的布紋與紙型標示的箭頭方向是否一致。如果方向不一致,使布料的伸縮性與預期不同,可能會產生成品尺寸不對,以及完全不合身的情況。

布料參考:9cm×18cm
選擇布料時,請參考溫暖發熱材質下身等布料的厚薄。使用接著劑會降低布料的伸縮性,所以建議大家用手縫或縫紉機製作這款服裝。

1　依照裁剪圖示放置紙型，用輪刀沿紙型邊緣裁切。

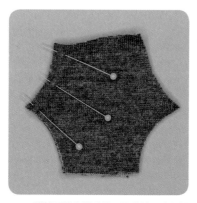

2　維持兩片布料重疊，用珠針固定前褲襠，在布邊往內 3mm 處縫線。

3　在縫份處剪出牙口。

4　褲襬布邊往內摺 4mm，用接著劑固定，並在布邊往內摺 2mm 處縫線。

5　腰圍布邊往內摺 4mm，用珠針固定後縫線（因為要穿進彈性拷克線，所以布邊盡量用縫的）。

6　利用粗的刺繡針或抱枕綴飾針將彈性拷克線穿過腰圍。

7　彈性拷克線穿過腰圍後，留下約 10cm 的線長後剪斷。

8　腰圍對摺，將褲腰收緊至 35mm 左右（攤開時為 70mm）。

9　將左右褲片的正面往內摺，使後褲襠重疊，用珠針固定，避免收緊的彈性拷克線鬆脫。

10 在後褲襠布邊往內 4mm 處縫線，再將兩邊的彈性拷克線收整打結。

防綻液

11 為避免抽鬚，在線頭邊塗上防綻液待乾。留下距線頭 5mm 左右的線長後剪斷。

12 在後褲襠的縫份處剪出牙口。

13 用珠針固定下襠，在布邊 4mm 往內處縫線。

14 在縫份各處剪出牙口。

15 用返裡鉗翻回正面。

FINISH!!

Front

Back

41

04 / 針織短褲

布料 ▶ 雙面針織布、細平布、被單布、4cord 鬆緊帶 10cm

範例

簡易版

進階版

這是一件褲腰有扁鬆緊帶的短褲。和針織哈倫褲一樣，使用針織布料製作，所以是適合各種素體換穿的萬能褲款。大家一定要動手試試結合扁鬆緊帶的步驟。很適合用印花細平布和細棉布等布料，為女生素體製作穿搭服裝。設計範例中介紹了利用熨燙轉印，在褲子側邊加上線條的設計，還可在褲襱裝飾蕾絲，也很漂亮！

裁剪圖示

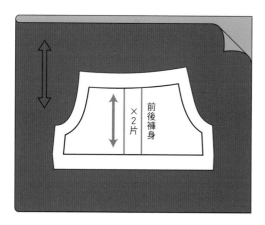

前後褲身
×2片

這是本書推薦的裁剪圖示。裁剪布片時，請擺上紙型參考裁切。

紙型影印後，用裁紙剪刀依照外側的裁剪線剪下紙型，並放在對摺布料的摺雙線上。

這時請確認布料的布紋與紙型標示的箭頭方向是否一致。如果方向不一致，使布料的伸縮性與預期不同，可能會產生成品尺寸不對，以及完全不合身的情況。

布料參考：7cm×18cm
如果覺得很難用輪刀，沿著紙型的褲襠弧線裁切，也可以先標註記號再用剪刀裁剪。

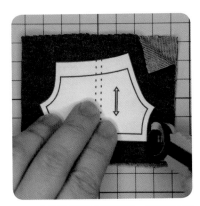

1　依照裁剪圖示放置紙型，用輪刀沿紙型邊緣裁切（使用的布料如果容易抽鬚，例如細平布或被單布，請先在布邊塗上防綻液，待乾後再作業）。

2　想在褲身側邊加上線條設計時，請剪下 3mm 的熱轉印紙，熨燙在參考圖示的位置。

3　剪下 100mm 長的鬆緊帶，對摺後在中心往左右兩邊 30mm 處，分別標註記號。
簡易版→往步驟 4
進階版→往步驟 5

4　褲襬布邊往內摺 4mm，用接著劑固定。
→往步驟 6

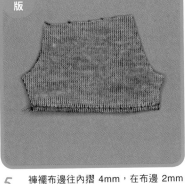

5　褲襬布邊往內摺 4mm，在布邊 2mm 處縫線。
→往步驟 6

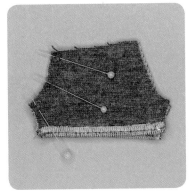

6　將左右褲片的正面，往內摺重疊，用珠針固定前褲襠，在布邊往內 3mm 處縫線。

7　在縫份的弧線處剪出牙口。

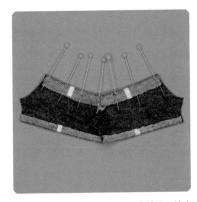

8　用熨斗將縫份往左右攤開熨平，塗上接著劑固定。腰圍布邊往內摺 8mm，用珠針固定，因為要穿過鬆緊帶，布邊往內 2mm 處（如果從摺線往內則為 6mm 處）縫線。

9　利用綴飾針將鬆緊帶穿過腰圍。

10　將腰圍收緊至步驟 3 中，鬆緊帶標註的記號位置，並用珠針固定。

11　將左右褲片的正面，往內摺重疊，用珠針固定後褲襠，在布邊往內 3mm 處縫線。

12　鬆緊帶沿布邊剪齊，在縫份上剪出牙口。為了避免抽鬚，在鬆緊帶兩端塗上防綻液待乾。

13　鬆緊帶的兩端分別摺向左右側，與穿過鬆緊帶的腰圍縫份縫合固定。

14　用珠針固定下襠，在布邊往內 3mm 處縫線。

15　在縫份各處剪出牙口。

16　用返裡鉗翻回正面。

05 / 短褲

布料 ▶ 細平布、粗棉布、被單布

簡易版

進階版

這款短褲的紙型,是所有褲款裡最小的,這裡介紹了使用接著劑的簡易版和針線縫製的進階版。使用少量的布料即可完成,成品小巧,相當可愛。步驟和簡易哈倫褲幾乎一樣,但尺寸較小,請留意縫份的寬度,小心縫製。

裁剪圖示

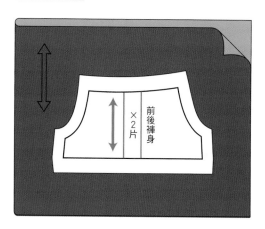

前後褲身 ×2片

這是本書推薦的裁剪圖示。裁剪布片時,請擺上紙型參考裁切。

紙型影印後,用裁紙剪刀依照外側的裁剪線剪下紙型,並放在對摺布料的摺雙線上。

這時請確認布料的布紋與紙型標示的箭頭方向是否一致。如果方向不一致,使布料的伸縮性與預期不同,可能會產生成品尺寸不對,以及完全不合身的情況。

布料參考:5cm×13cm

這是一款尺寸小巧的褲子,建議避免使用太厚的布料,輕薄硬挺的材質較為適合。即使選用細平布或粗棉布的材質,也請挑選較薄料布款,這是製作成功的小訣竅。

1　依照裁剪圖示放置紙型，用輪刀沿紙型邊緣裁切。

2　維持兩片布料重疊，塗上防綻液待乾。

3　將左右褲片的正面，往內摺重疊，用珠針固定前褲襠，在布邊往內 3mm 處縫線。

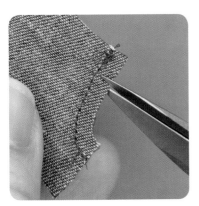

4　在縫份的弧線處剪出牙口。

5　用熨斗將縫份往左右攤開熨平。

6　在腰圍布邊各處，剪出 3mm 的牙口。
簡易版→往步驟 7
進階版→往步驟 9

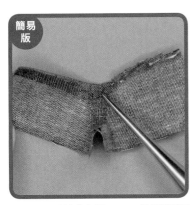

7　腰圍布邊往內摺 4mm，用接著劑固定。

8　褲襬布邊往內摺 4mm，用接著劑固定。
→往步驟 14

9　在門襟處添加縫線。

進階版

10 腰圍布邊往內摺 4mm 熨平，用珠針固定。

進階版

11 在腰圍布邊往內 2mm 處縫線。

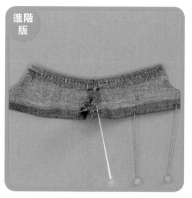

進階版

12 褲襠布邊往內摺 4mm 熨平，用珠針固定。

進階版

13 在褲襠布邊往內 2mm 處縫線。
→往步驟 14

14 布料的厚薄和伸縮性不同，所以須配合素體，決定後褲襠的縫份寬度。可試套在素體上，用珠針固定腰圍，確認臀圍大小就可避免失敗。

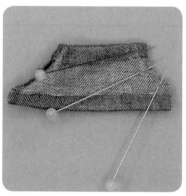

15 將左右褲片的正面，往內摺重疊，用珠針固定後褲襠。

16 在步驟 14 決定的縫份寬度（基本上是 3mm）位置縫線。

17 在縫份處剪出牙口。

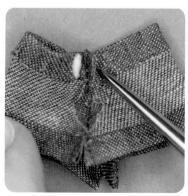

18 用熨斗將縫份往左右攤開熨平，再用接著劑固定。

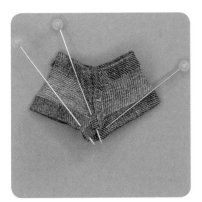

19 用珠針固定下襠。

20 在布邊往內 3mm 處縫線，並在縫份各處剪出牙口。

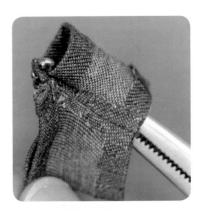

21 用返裡鉗翻回正面。

簡易版　　FINISH!!　　Front

簡易版　　Back

進階版　　FINISH!!　　Front

進階版　　Back

06 / 工裝長褲

布料▶細平棉布、被單布、粗棉布

範例

簡易版

進階版

一般的工裝長褲有 6 個口袋，這裡介紹的是兩個口袋的工裝長褲，並為大家介紹了簡易版口袋和針線縫製的進階版。一開始可從簡單版入門，等到熟悉步驟後，請大家一定要試作進階版的擬真褲款喔！

裁剪圖示

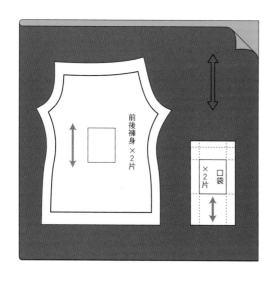

這是本書推薦的裁剪圖示。裁剪布片時，請擺上紙型參考裁切。

紙型影印後，用裁紙剪刀依照外側的裁剪線剪下紙型，並放在對摺布料的摺雙線上。

這時請確認布料的布紋與紙型標示的箭頭方向是否一致。如果方向不一致，使布料的伸縮性與預期不同，可能會產生成品尺寸不對，以及完全不合身的情況。

布料參考：8cm×16cm
裁切口袋布片時，盡可能順著布料的水平線與垂直線裁切，避免歪斜。布片太過歪斜，材質太厚，口袋的四個邊則不能往內摺，而不能成形。建議避免使用太厚的布料，輕薄硬挺的材質較為適合。即使選用細平布，或粗棉布的材質，也請挑選較薄料布款，這是製作成功的小訣竅。

1　依照裁剪圖示放置紙型,用輪刀沿紙型邊緣裁切。

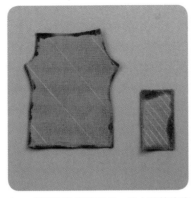

2　維持兩片布料重疊,塗上防綻液待乾。

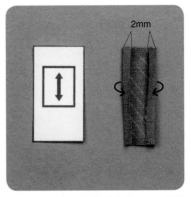

3　口袋布邊的長邊各往內摺 2mm,用接著劑固定。
簡易版→往步驟 4
進階版→往步驟 8

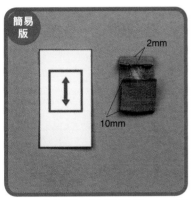

4　口袋布邊的一端短邊往內摺 2mm,另一端短邊往內摺 10mm,都用接著劑固定。製作口袋時,請兩個合併一起作業,讓兩個口袋的大小一致,成品才會好看。

5　口袋蓋摺下,用接著劑固定。

6　放上紙型,在口袋位置塗上接著劑,將口袋黏上固定。

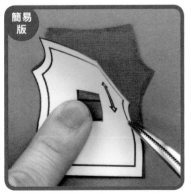

7　用手按著口袋,移開紙型。
→往步驟 14

8　口袋布邊的一端短邊往內摺 2mm,收整口袋蓋的形狀,再用縫紉機縫線。

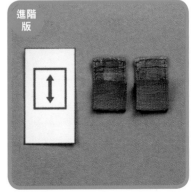

9　另一端短邊往內摺 10mm,用接著劑固定。製作口袋時,請兩個合併一起作業,讓兩個口袋的大小一致,成品才會好看。

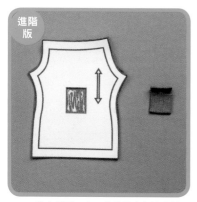

10 放上紙型，在口袋位置塗上接著劑，將口袋黏上固定。

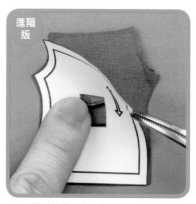

11 用手按著口袋，移開紙型。

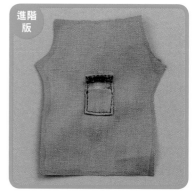

12 打開口袋蓋，用縫紉機縫線。

13 用接著劑固定口袋蓋，再熨燙裝飾上鈕扣或可熱熨燙的配飾。
→往步驟 14

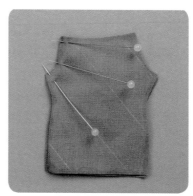

14 將左右褲片的正面，往內摺重疊，用珠針固定前褲襠。

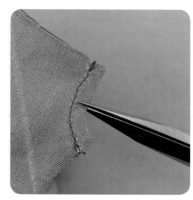

15 在布邊往內 3mm 處縫線，在縫份的弧線處剪出牙口。

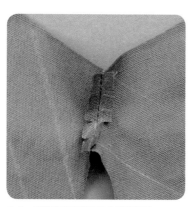

16 用熨斗將縫份往左右攤開熨平。

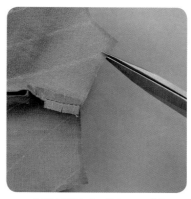

17 在腰圍布邊各處，剪出 3mm 的牙口。
簡易版→往步驟 18
進階版→往步驟 20

18 腰圍布邊往內摺 4mm，用接著劑固定。

52

19 褲襬布邊往內摺 4mm 熨平，用接著劑固定。
→**往步驟 25**

20 在門襟處添加縫線。

21 腰圍布邊往內摺 4mm 熨平，用珠針固定。

22 在褲腰的上下，布邊往內 1mm 和 4mm 處縫線。

23 褲襬布邊往內摺 4mm 熨平，用珠針固定。

24 在褲襬布邊往內 2mm 和 3mm 處縫線。
→**往步驟 25**

25 布料的厚薄和伸縮性不同，所以須配合素體，決定後褲襠的縫份寬度。可試套在素體上，用珠針固定腰圍，確認臀圍大小，就可避免失敗。

26 將左右褲片的正面，往內摺重疊，用珠針固定後褲襠。

27 在步驟 25 決定的縫份寬度（基本上是 3mm）位置縫線。

28 在縫份各處剪出牙口。

29 用熨斗將縫份往左右攤開熨平，用接著劑固定。

30 用珠針固定下檔。

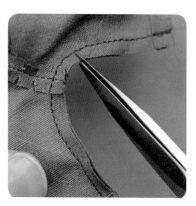

31 在布邊往內 3mm 處縫線，並在縫份各處剪出牙口。

32 用熨斗將縫份往前熨平。

33 用返裡鉗翻回正面。

34 在前褲腰的中心，黏上珠子或可用熱熔膠的配飾。

簡易版

FINISH!!

Front

簡易版

Back

進階版

FINISH!!

Front

進階版

Back

07 / 長褲

布料 ▶ 細平布、粗棉布、被單布、4 盎司牛仔褲、寬 12mm 魔鬼氈

範例

簡易版

進階版

這是一款沒有口袋的簡約長褲。大家試試看在背部開口縫上魔鬼氈的製作方式，成品的褲腰會相當合身。可選擇使用接著劑的簡易版和針線縫製的進階版。還會為大家介紹如何製作窄管褲（褲子 E）的褲襬。

裁剪圖示

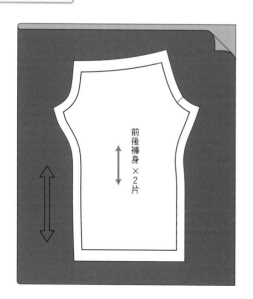

前後褲身 ×2 片

這是本書推薦的裁剪圖示。裁剪布片時，請擺上紙型參考裁切。紙型影印後，用裁紙剪刀依照外側的裁剪線剪下紙型，並放在對摺布料的摺雙線上。

這時請確認布料的布紋與紙型標示的箭頭方向是否一致。如果方向不一致，使布料的伸縮性與預期不同，可能會產生成品尺寸不對，以及完全不合身的情況。

布料參考：9cm×16cm（長褲 A）
使用平織棉布或條紋布製作的褲子，會有條紋圖樣，相當有型。製作窄管褲時，需要將褲襬往上翻摺，如果使用太厚的布料，比較不容易製作。

1　依照裁剪圖示放置紙型，用輪刀沿紙型邊緣裁切。

2　維持兩片布料重疊，塗上防綻液待乾。

3　依照紙型的止點記號，在後褲襠剪出牙口。

4　將左右褲片的正面，往內摺重疊，用珠針固定前褲襠，在布邊往內 3mm 處縫線。

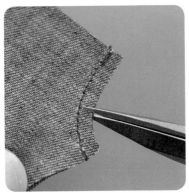

5　在縫份的弧線處剪出牙口。

6　用熨斗將縫份往左右攤開熨平。

7　在腰圍布邊各處，剪出 3mm 的牙口。
簡易版→往步驟 8
進階版→往步驟 10

8　腰圍布邊往內摺 4mm，用接著劑固定。
窄管褲→往步驟 28

9　褲襬布邊往內摺 4mm，用接著劑固定。
→往步驟 15

10 在門襟處添加縫線。

11 腰圍布邊往內摺 4mm 熨平，用珠針固定。

12 在布邊往內 2mm 處縫線。
窄管褲→往步驟 28

13 褲襠布邊往內摺 4mm 熨平，用珠針固定。

14 在布邊往內 2mm 處縫線。
→往步驟 15

15 從後褲襠的止點到褲腰，在各處剪出牙口，布邊往內摺 3mm，用接著劑固定。

16 魔鬼氈裁切得比布邊大一些（18mm 左右）。從止點往腰圍，用接著劑將刺面（公扣）固定在左側，並將絨面（母扣）固定在右側，都稍微超出布邊。

17 從正面與布邊縫合。

18 沿布邊修整超出的魔鬼氈母扣。魔鬼氈公扣留下 8mm 左右的寬度後，剪掉多餘的部分。

19 修剪好的樣子。

20 後褲襠縫份相疊,將魔鬼氈黏貼以外的部分縫合。這個部分容易冒鬚,所以用迴針縫(縫合後,要牢牢將線打結在裡面,接縫要塗上防綻液)。

21 在縫份各處剪出牙口。

22 魔鬼氈公母扣相黏,修剪整齊,用熨斗將縫份往左右攤開熨平。

23 用珠針固定下襠。

24 在布邊往內 3mm 處縫線。

25 在縫份各處剪出牙口。

26 用熨斗將縫份往前熨平。

27 用返裡鉗翻回正面。

製作窄管褲時，只有改變褲襬的做法。

28 褲襬布邊往內摺 3mm，用接著劑固定。

29 再往上摺 3mm，用接著劑固定。

30 左右褲襬完成的樣子。
→回步驟 15

08 / 荷葉邊迷你裙

布料 ▶ 細布、細平布、平織布、粗棉布（粗棉布最適合做設計變化）

範例

簡易版

進階版

這件裙子的腰圍合身、裙襬為荷葉邊設計，非常有分量感。製作方式有使用接著劑的簡易版，和針線縫製的進階版，並依照選用的布料，為大家介紹了在裙邊添加裝飾的可愛設計。

裁剪圖示

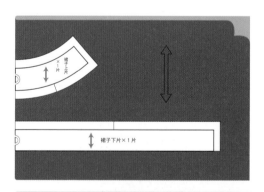

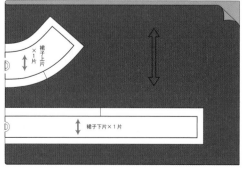

這是本書推薦的裁剪圖示。裁剪布片時，請擺上紙型參考裁切。

紙型影印後，用裁紙剪刀依照外側的裁剪線剪下紙型，並放在對摺布料的摺雙線上。

這時請確認布料的布紋與紙型標示的箭頭方向是否一致。如果方向不一致，使布料的伸縮性與預期不同，可能會產生成品尺寸不對，以及完全不合身的情況。

布料參考：8cm×23cm

盡量沿著布紋，裁切荷葉裙邊的布料，才能讓成品更加漂亮。荷葉邊改用蕾絲布料的變化設計也很可愛！

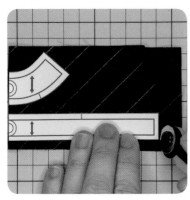

1 依照裁剪圖示放置紙型，用輪刀沿紙型邊緣裁切。

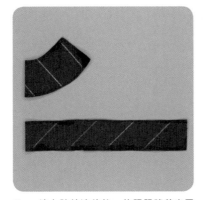

2 塗上防綻液待乾，依照記號剪出牙口。

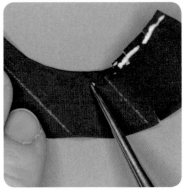

3 在上裙腰縫份的各處剪出牙口，布邊往內摺 4mm，用接著劑固定。
簡易版→往步驟 6
進階版、【設計款】→往步驟 4

4 在腰圍布邊往內 2mm 處縫線。
進階版→往步驟 6
【設計款】→往步驟 5

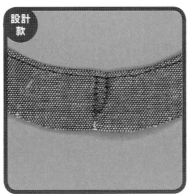

5 在前裙腰的中心添加縫線。
【設計款】→往步驟 8

6 下裙襬布邊往內摺 3mm，用接著劑固定。
簡易版→往步驟 10
進階版→往步驟 7

7 在下裙襬布邊往內 1～2mm 處縫線。
→往步驟 10

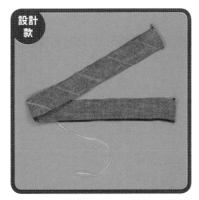

8 抽出裙襬的數條緯線，作為裙邊裝飾並在抽線交界處，塗上少量的防綻液。

9 在抽線交界處，縫上兩條縫紉機縫線（也可省略這個步驟，維持步驟 8 的樣子）。
→往步驟 10

10 為了做出下裙片的皺褶，在布邊往內 3mm 處疏縫（基本上縫 2 條線，1 條也可以）。

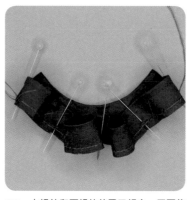

11 上裙片和下裙片的牙口相合，正面往內相疊，用珠針固定。

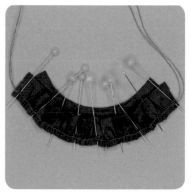

12 稍微收緊上線，做出下裙片的皺褶，上下裙片對齊調整。

13 用錐針調整，讓皺褶的大小平均，在布邊往內 4mm 處縫線。

14 縫份往上身摺並熨平，在上裙片縫上縫線，固定縫份。

15 布料的厚薄和伸縮性不同，所以須配合素體，決定後裙片的縫份寬度。

16 後面布邊，依照步驟 16 決定的寬度往內摺，用接著劑固定（基本上往內摺 3mm 固定）。

刺面　絨面

17 魔鬼氈裁得比布邊大一些。從背後開口處往裙腰貼，用接著劑將公扣固定在左側，母扣固定在右側，黏貼時都稍微超出布邊。

18 從正面與布邊縫合。

19 沿布邊修整超出的魔鬼氈母扣。魔鬼氈公扣留下 7mm 左右的寬度後，剪掉多餘的部分。

09 / 緊身裙

布料 ▶ 粗棉布、細布、細平布、平織布

範例

這是一件簡約俐落的緊身裙,很適合
搭配 T 恤和褲襪。
樣式雖然簡單,我們會介紹在門襟添
加縫線提升擬真感的製作方式。

裁剪圖示

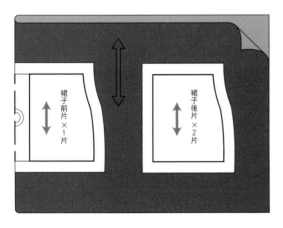

裙子前片 ×1 片

裙子後片 ×2 片

這是本書推薦的裁剪圖示。裁剪布片時,請擺上紙型參考裁
切。
紙型影印後,用裁紙剪刀依照外側的裁剪線剪下紙型,並放在
對摺布料的摺雙線上。
這時請確認布料的布紋與紙型標示的箭頭方向是否一致。如果
方向不一致,使布料的伸縮性與預期不同,可能會產生成品尺
寸不對,以及完全不合身的情況。

布料參考:5cm×14cm
紙型近乎長方形,用輪刀裁切也很容易。布料使用量少,幾乎
都是直線縫製,縫線距離短,一下就可縫製完成,是一款製作
簡單的服裝。

1　依照裁剪圖示放置紙型，用輪刀沿紙型邊緣裁切。

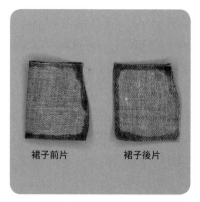

2　裙子前片的布料維持摺雙線對摺的狀態，裙子後片維持兩片布料重疊狀態，塗上防綻液待乾。

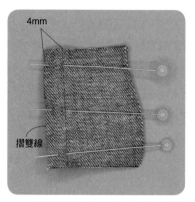

3　用珠針固定裙子前片，在布邊往內 4mm 處縫線。

4　縫份往左摺熨平，對照紙型在裙腰往內 3mm，和裙襬往內 3mm 處剪出牙口。

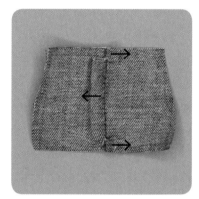

5　牙口剪開的縫份往右摺。

6　用熨斗熨燙整形，縫上縫線。

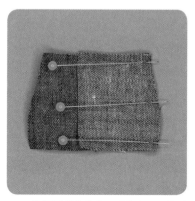

7　將裙子前後片的正面往內，側邊重疊，在布邊往內 3mm 處縫線。

8　在縫份的各處剪出牙口，用熨斗往左右攤開熨平。

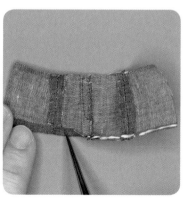

9　裙襬布邊往內摺 3mm，用接著劑固定。

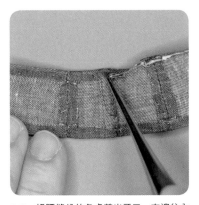

10 裙腰縫份的各處剪出牙口，布邊往內摺 3mm，用接著劑固定。

11 布料的厚薄和伸縮性不同，所以須配合素體，決定後裙片的縫份寬度。

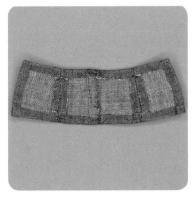

12 後面布邊，依照步驟 11 決定的寬度往內摺，用接著劑固定（基本上往內摺 3mm 固定）。

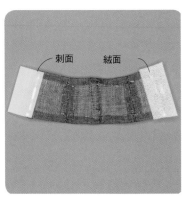

刺面　　絨面

13 魔鬼氈裁切得比布邊大一些。從背後開口處往裙腰貼，用接著劑將公扣固定在左側，母扣固定在右側，黏貼時都稍微超出布邊。

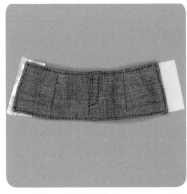

14 裙片四周的布邊往內 1～2mm 處縫線。

15 沿布邊修整超出的魔鬼氈母扣。魔鬼氈公扣留下 7mm 左右的寬度後，剪掉多餘的部分。

FINISH!!

Front

Back

010 / 短袖襯衫

布料▶細棉布（80 支紗、60 支紗）、薄棉布

範例

這是一件抵肩拼接的男孩風短袖襯衫。大家一起來挑戰看看如何為服裝添加領子和袖子。這篇介紹了前面開口的製作方式，只要鬆開魔鬼氈刺面（公扣），就可從前面打開換裝。另一個重點是前面打開時還可當作小外套穿搭。

裁剪圖示

這是本書推薦的裁剪圖示。裁剪布片時，請擺上紙型參考裁切。

紙型影印後，用裁紙剪刀依照外側的裁剪線剪下紙型，並放在對摺布料的摺雙線上。

這時請確認布料的布紋與紙型標示的箭頭方向是否一致。如果方向不一致，使布料的伸縮性與預期不同，可能會產生成品尺寸不對，以及完全不合身的情況。

布料參考：15cm×15cm

裁剪小尺寸的領片時，請特別小心。如果覺得很難用輪刀，裁切袖口弧線和領圍，請先標註記號再剪開。有些部分的縫份較少，會需要使用防綻液。製作這件襯衫，如果使用一般真實尺寸的白襯衫布料可能會太厚，建議還是使用細棉布較為適合。

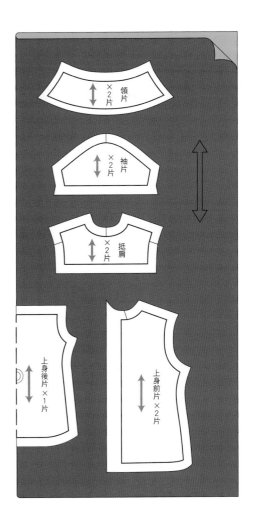

領片 ×2 片

袖子 ×2 片

抵肩 ×2 片

上身後片 ×1 片

上身前片 ×2 片

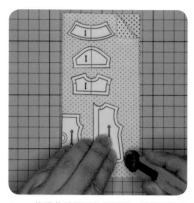

1 依照裁剪圖示放置紙型，用輪刀沿紙型邊緣裁切。

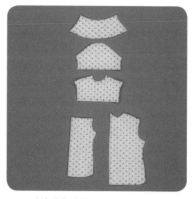

2 布邊塗上防綻液待乾。

3 領圍後的中心、前上身反摺處、領子位置都標註記號。抵肩上標註袖子位置的記號。

4 領片維持兩片布料重疊的狀態，用珠針固定，除了領圍，其餘布邊往內2mm處縫線。

5 稍微剪掉領邊縫份的兩角，將一邊縫份摺起熨平，再用返裡鉗翻回正面。

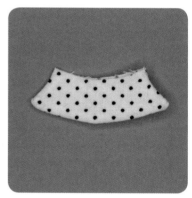

6 領片修剪至從正面看不到反面，再用熨斗燙平。

7 領圍對摺，在縫份的中心用剪刀剪出小小的牙口。

8 袖口布邊往內摺 3mm，用接著劑固定。

→進階版用縫紉機縫線

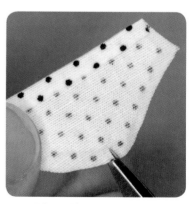

9 因為要在袖片頂端的中心標註記號，所以在縫份處剪出牙口。

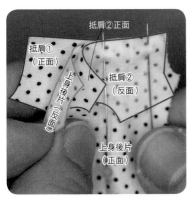

10 用 2 片抵肩，夾住重疊上身後片，用珠針固定，將 3 片縫合。

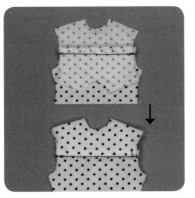

11 抵肩 2 片、上身後片 1 片打開，用熨斗熨平，從正面縫上縫線。

12 將抵肩正面與上身前片縫合。縫份往肩膀摺，再用熨斗燙平。

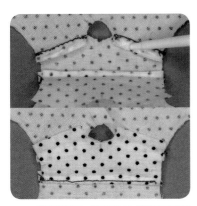

13 將抵肩反面，與步驟 12 的縫份用接著劑黏合。

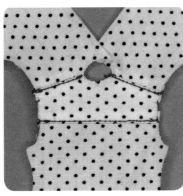

14 抵肩縫合的部分，從正面縫上縫線。

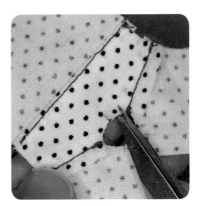

15 在領圍縫份處剪出牙口。

16 領圍的中心與領片的中心相疊，用珠針固定（①）。

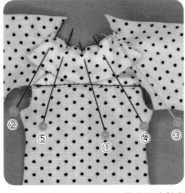

17 領片邊緣以及領子位置的記號對齊（②、③）。中間也要固定（④、⑤）。

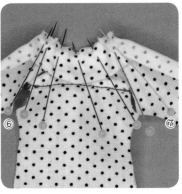

18 上身依照反摺線反摺，將領片夾住。反摺的布會蓋住②、③珠針的上面，所以從上面固定⑥、⑦。

19 在布邊往內 3mm 處縫線，並在縫份的各處剪出牙口。

20 依照上身摺線反摺，用熨斗熨出摺痕。

21 領口縫上縫線，固定領片與上身的縫份。

22 在上身袖口縫份的各處剪出牙口。

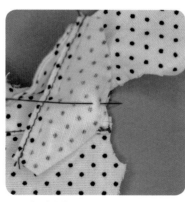

23 抵肩與袖子的中心記號對齊，用珠針固定。兩端固定好，也可多固定幾處（用疏縫固定更好）。

24 在布邊往內 3mm 處縫線，另一邊也用相同的方式製作。

25 在縫份剪出牙口，縫份往袖子摺並熨平。

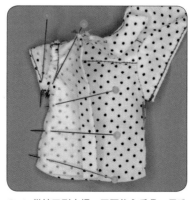

26 從袖口到衣襬，正面往內重疊，用珠針固定。

27 從袖子到側邊縫合。衣襬預留 7mm 的長度，剩餘部分縫合，就完成側邊開叉款式。

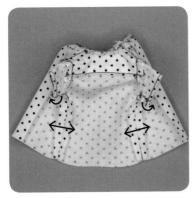

28 在縫份的各處剪出牙口。袖子下方往前上身摺，側邊縫份往左右熨平。

29 衣襬往內摺 3mm，用接著劑固定。

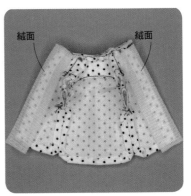

30 在門襟黏上魔鬼氈。用接著劑將魔鬼氈母扣固定在左右門襟，黏貼時稍微超出布邊。

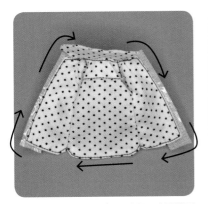

31 從右領下方到門襟、衣襬，左門襟到左領下方，一整圈都縫上縫線。

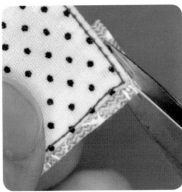

32 魔鬼氈母扣沿布邊修剪整齊，剪掉超出布邊的部分。

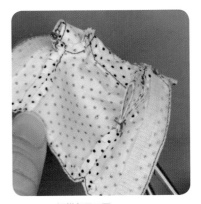

33 用返裡鉗翻回正面。

34 魔鬼氈公扣與門襟對齊，領口剪成 V 字型後再黏貼固定。

在左上身黏上珠子，或可用熱熔膠的配飾或鈕扣。

011 / 短袖套衫

布料▶細棉布（80 支紗、60 支紗）、薄棉布

範例

這件套衫在背後和胸前都有打褶設計，具有擬真感。大家一起來挑戰看看如何為服裝添加領子和袖子的服裝。這篇介紹了前面開口的製作方式，只要鬆開魔鬼氈刺面（公扣），就可從前面打開換裝。另一個重點是，前面打開時還可當作小外套穿搭。

裁剪圖示

這是依紙型裁剪布料時，本書推薦的裁剪圖示。
紙型影印後，用裁紙剪刀依照外側的裁剪線剪下紙型，並放在對摺布料的摺雙線上。
這時請確認布料的布紋與紙型標示的箭頭方向是否一致。
如果方向不一致，使布料的伸縮性與預期不同，可能會產生成品尺寸不對，以及完全不合身的情況。

布料參考：13cm×15cm
裁剪小尺寸的領片時，請特別小心。如果覺得很難用輪刀，裁切袖口弧線和領圍，請先標註記號再剪開。有些部分的縫份較少，會需要使用防綻液。建議使用細平布等薄布料，或是細棉布。

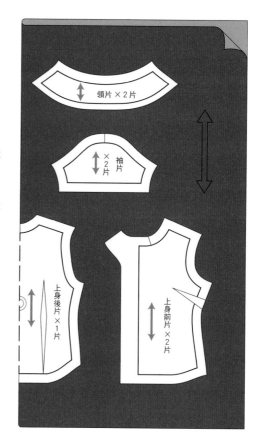

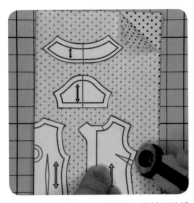

1　依照裁剪圖示放置紙型，用輪刀沿紙型邊緣裁切。

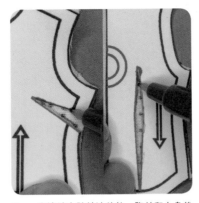

2　布邊塗上防綻液待乾。胸前和上身後片標註打褶記號。

3　後面的中心、前上身反摺處、領子位置都標註記號。

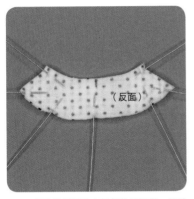

4　領片維持兩片布料相疊的狀態，用珠針固定，除了領圍，其餘布邊往內2mm處縫線。

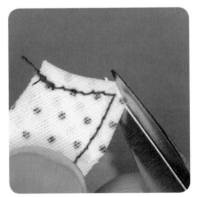

5　稍微剪掉領邊縫份的兩角，將一邊縫份摺起熨平，再用返裡鉗翻回正面。

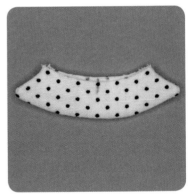

6　領片修剪至從正面不會看到反面，再用熨斗燙平。

7　領圍對摺，在縫份的中心，用剪刀剪出小小的牙口。

8　袖口布邊往內摺 3mm，用接著劑固定。
　→進階版用縫紉機縫線

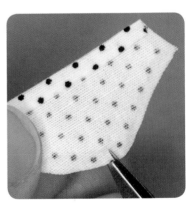

9　因為要在袖片頂端的中心標註記號，所以在縫份處剪出牙口。

10 將上身前片的打褶縫線。反面抓出記號，用珠針固定。

11 在完成線上縫線，將縫份往上摺熨平。

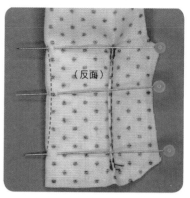

12 將上身後片的打褶縫線，縫份往背後中心摺後熨平。

13 肩部縫合。將縫份往左右攤開熨平。

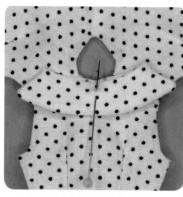

14 領圍的中心與領片的中心相疊，用珠針固定（①）。

15 領片邊緣與領子位置的記號對齊（②、③）。中間也要固定（④、⑤）。

16 上身依照反摺線反摺，將領片夾住。反摺的布會蓋住②、③珠針的上面，所以從上面固定⑥、⑦，再將②、③拔除（用疏縫固定更好）。

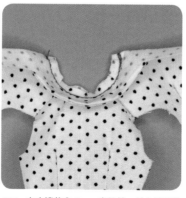

17 在布邊往內 3mm 處縫線，並在縫份的各處剪出牙口。

18 依照上身摺線反摺，用熨斗熨出摺痕。

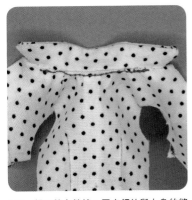

19 領口縫上縫線，固定領片與上身的縫份。

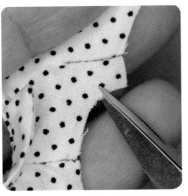

20 在上身袖口縫份的各處剪出牙口。

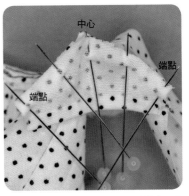

中心
端點
端點

21 肩部縫合與袖子的中心記號對齊，用珠針固定。兩端固定好，可多固定幾處（用疏縫固定更好）。

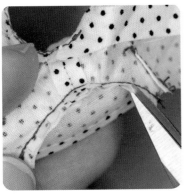

22 在布邊往內 3mm 處縫線，另一邊也用相同的方式製作。在縫份剪出牙口。

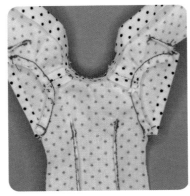

23 縫份往袖子摺並熨平。

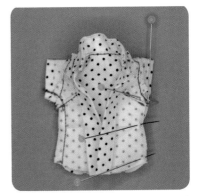

24 從袖口到衣襬，正面往內相疊，用珠針固定。

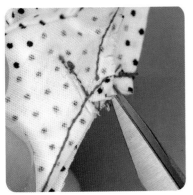

25 袖子到側邊縫合。在縫份的各處剪出牙口。

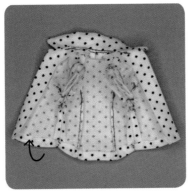

26 側邊縫份往左右打開，衣襬布邊往內摺 3mm，用接著劑固定。

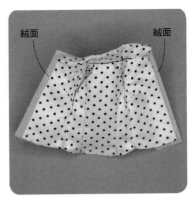

絨面
絨面

27 在門襟黏上魔鬼氈。用接著劑將魔鬼氈母扣固定在左右門襟，黏貼時稍微超出布邊。

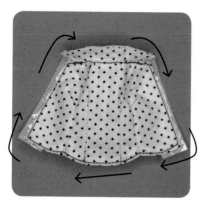

28 從右領下方到門襟、衣襬，左門襟到左領下方，一整圈都縫上縫線。

29 魔鬼氈母扣沿布邊修剪整齊，剪掉超出布邊的部分。

30 袖子用返裡鉗翻回正面。

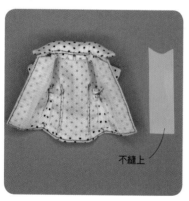

不縫上

31 魔鬼氈公扣與門襟對齊，領口剪成 V 字型後再黏貼固定。

FINISH!!

在右上身黏上珠子或可用熱熔膠的配飾或鈕扣，即大功告成！

Front

Back

012 / 連帽上衣

布料 ▶ 莫代爾天竺棉 30S、平滑針織、薄針織布料
※如果使用縫紉機，下線請使用羊毛化纖柔軟線，上線請使用 Resilon 針織車縫專用線較佳。

範例

這是一件非背部開口的小巧上衣，有使用接著劑的簡易版，和針線縫製的進階版。這篇還會介紹加上穿繩的擬真設計款。建議大家可以搭配針織哈倫褲或短褲 A，就可以組成一套居家風穿搭。

裁剪圖示

這是依紙型裁剪布料時，本書推薦的裁剪圖示。紙型影印後，用裁紙剪刀依照外側的裁剪線剪下紙型，並放在對摺布料的摺雙線上。
這時請確認布料的布紋與紙型標示的箭頭方向是否一致。如果方向不一致，使布料的伸縮性與預期不同，可能會產生成品尺寸不對，以及完全不合身的情況。

布料參考：13cm×12cm
使用針織布料製作，所以是適合各種素體換穿的萬能衣款！選擇布料時，選用拉扯後能恢復原本大小，而不會無法恢復的布料，才方便幫娃娃換裝也更符合身形。

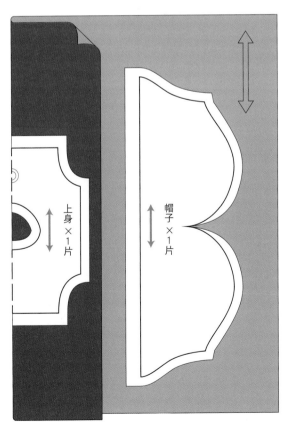

上身×1片

帽子×1片

1　依照裁剪圖示放置紙型，用輪刀沿紙型邊緣裁切。
　簡易版→往步驟 2
　進階版→往步驟 3

2　帽子直線部分塗上接著劑，布邊往內摺 5mm 固定。
　→往步驟 6

3　帽子布邊往內摺 5mm，用珠針固定，在布邊往內 1～2mm 處縫線。

4　縫邊完成的帽子，在左右兩邊各留 6mm，用毛線針將粗棉線等細繩穿過。

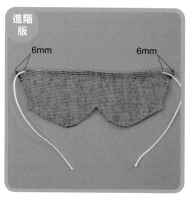

6mm　6mm

5　細繩穿過的樣子。
　→往步驟 6

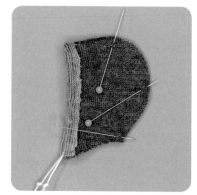

6　帽子正面往內對摺相疊，用珠針固定，在後腦弧線的布邊往內 3mm 處縫線。

7　在縫份的各處剪出牙口，將縫份往左右熨平。

8　左右帽子往前中心併攏，在布邊往內約 2mm 處縫線固定。翻回正面。
　簡易版→往步驟 9
　進階版→往步驟 10

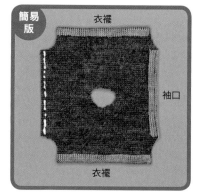

衣襬
袖口
衣襬

9　上身的袖口和衣襬塗上接著劑，布邊往內摺 3mm 固定。
　→往步驟 11

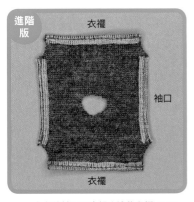

10 上身的袖口和衣襬布邊往內摺 3mm，
在布邊往內 1～2mm 處縫線。
→往步驟 11

11 在領圍前後中心的縫份剪出牙口。

12 將上身前中心和帽子的前中心（步驟
8 縫定的部分），正面往內相疊。

13 用管狀物（潤唇膏或是粗筆）穿過領
圍。管狀物的理想尺寸是能稍微撐開
布料。但要注意如果撐得過大，布料
會無法恢復彈性。

14 上身和帽子的前後中心用珠針固定，
旁邊也多固定幾處。布邊往內摺 3mm
用半迴針縫線。

15 確認前中心的位置是否有移位，在縫
份的各處剪出牙口。

16 縫份往上身摺熨平，把領圍的邊緣縫
合（或是以不影響正面美觀的針法縫
線）。

17 正面往內摺，摺出肩線。側邊相疊，
用珠針固定，在布邊往內 3mm 處縫
線。

18 另一個側邊用同樣的方式製作。在側
邊弧線縫份的各處剪出牙口。

19 用返裡鉗翻回正面。

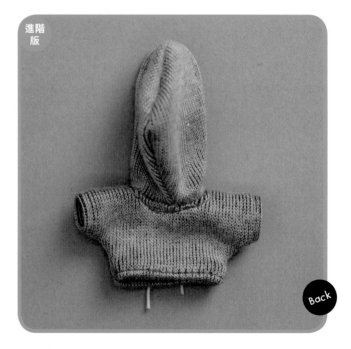

013 / 連帽連身裙

布料▶莫代爾天竺棉 30S、平滑針織、薄針織布料

※如果使用縫紉機，下線請使用羊毛化纖柔軟線，上線請使用 Resilon 針織車縫專用線較佳。

範例

簡易版

進階版

這是一件非背部開口的休閒連身裙，有使用接著劑的簡易版，和針線縫製的進階版。這篇還會介紹加上穿繩的擬真設計款。口袋沒有完全縫密，所以可以把手放進口袋。也建議大家可以使用不同的布料，製作帽子、上身、裙子，快挑選好喜歡的布料和穿繩製作看看吧！

裁剪圖示

這是依紙型裁剪布料時，本書推薦的裁剪圖示。

紙型影印後，用裁紙剪刀依照外側的裁剪線剪下紙型，並放在對摺布料的摺雙線上。

這時請確認布料的布紋與紙型標示的箭頭方向是否一致。如果方向不一致，使布料的伸縮性與預期不同，可能會產生成品尺寸不對，以及完全不合身的情況。

布料參考：15cm×24cm

裁切口袋布片時，盡可能順著布料的水平線與垂直線裁切，避免歪斜。布片太過歪斜，材質太厚，口袋的四個邊則不能漂亮地往內摺，也不能依照紙型尺寸做好口袋。選擇布料時，建議避免使用太厚的布料，請參考溫暖發熱材質的下身布料。

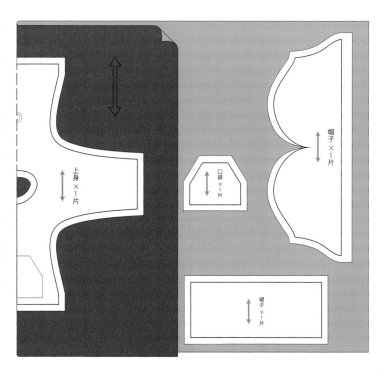

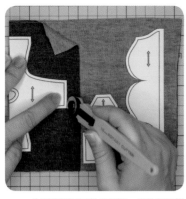

1 依照裁剪圖示放置紙型，用輪刀沿紙型邊緣裁切。

2 對照紙型，在領圍前後的中心、衣襬前後的中心，在這四個地方的縫份，剪出牙口標註記號。

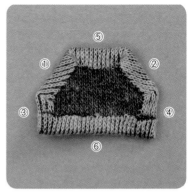

3 口袋布邊依照順序塗上接著劑，往內摺 3mm 固定。
簡易版→往步驟 5
進階版→往步驟 4

4 在口袋開口處縫上縫線。
→往步驟 5

5 對照紙型，在對齊口袋的位置標註記號。

6 除了口袋開口處，其他地方都塗上接著劑，黏貼固定在上身。
簡易版→往步驟 12
進階版→往步驟 7

7 除了口袋開口處，在上身口袋布邊往內 1～2mm 處縫線。

8 袖口布邊往內摺 3mm，在布邊往內 1～2mm 處縫線。

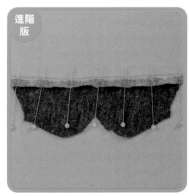

9 帽子布邊往內摺 5mm，用珠針固定，在布邊往內 1～2mm 處縫線。

10 縫邊完成的帽子，在左右兩邊各留6mm，用毛線針將粗棉線等細繩穿過。

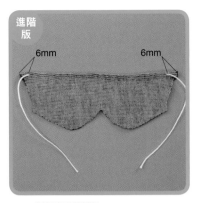

11 細繩穿過的樣子。
→往步驟 14

12 袖口塗上接著劑，布邊往內摺 3mm 固定。

13 帽子直線部分塗上接著劑，布邊往內摺 5mm 固定。
→往步驟 14

14 帽子正面往內摺相疊，用珠針固定，在後腦弧線的布邊往內 3mm 處縫線。

15 在縫份的各處剪出牙口，將縫份往左右熨平。

16 左右帽子往中心併攏，在布邊往內約 2mm 處縫線固定。翻回正面。

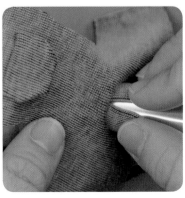

17 將上身的前中心和帽子的前中心，正面往內相疊。

18 用管狀物（潤唇膏或粗筆）穿過領圍。管狀物的理想尺寸是能稍微撐開布料。但要注意，如果撐得過大，布料會無法恢復彈性。上身和帽子的前後中心用珠針固定。

19 旁邊也多固定幾處。布邊往內摺 3mm 用半迴針縫線。

20 確認前中心的位置是否有移位，在縫份的各處剪出牙口。
簡易版→往步驟 21
進階版→往步驟 22

21 縫份往上身摺，領圍的邊緣以不影響正面美觀的針法縫線。
→往步驟 23

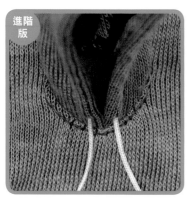

22 縫份往上身摺熨平，把領圍邊緣縫合。
→往步驟 23

23 正面往內摺，摺出肩線。側邊相疊，用珠針固定，在布邊往內 3mm 處縫線。

24 另一個側邊用同樣的方式製作。在側邊弧線縫份的各處剪出牙口。

25 裙子正面往內摺相疊，用珠針固定，在前中心剪出牙口。

26 在布邊往內 3mm 處縫線。

27 打開縫份。

28 將布的一半翻回正面。

29 摺痕處就是裙襬。

30 接合上身衣襬和裙子布邊，穿過管狀物（口紅膠等）撐開布料，前中心用珠針固定。

31 對齊後中心，用珠針固定，旁邊也多固定幾處。

32 在布邊往內 3mm 處以半迴針縫一圈。

33 用返裡鉗翻回正面。

34 如果有穿繩，請依喜好和整體的協調決定繩長，繩端打結後，線頭稍微留一點長度後剪斷。

014 / 無袖連身裙

布料▶細棉布（80 支紗、60 支紗、40S 方格紋細平布）、寬 12mm 的荷葉邊彈性蕾絲（荷葉邊 6mm 款）90mm

範例

簡易版

進階版

這件簡易連身裙是用接著劑黏上領片，是本書中最快又容易完成的連身裙款，就像在做紙工藝般，初學者可以先從這件衣服開始嘗試。領片和上身用不同的花色製作，給人有點正式的感覺。大家也可以用自己喜愛的花色搭配製作。依照人偶尺寸的不同，還可以當作罩衫上衣穿著。

裁剪圖示

這是依紙型裁剪布料時，本書推薦的裁剪圖示。

紙型影印後，用裁紙剪刀依照外側的裁剪線剪下紙型，並放在對摺布料的摺雙線上。

這時請確認布料的布紋與紙型標示的箭頭方向是否一致。如果方向不一致，使布料的伸縮性與預期不同，可能會產生成品尺寸不對，以及完全不合身的情況。

布料參考：5cm×10cm（上身）、5cm×6cm（領片）

請小心裁切領片。如果使用的布料比細棉布稍厚，接著劑不易影響正面的美觀，領片可以做得很漂亮。把布邊摺成領子形狀時，請邊摺邊估算寬度，這樣成品才會漂亮。在熟悉作法之前，可能會覺得有點複雜，但還是鼓勵大家試試看。

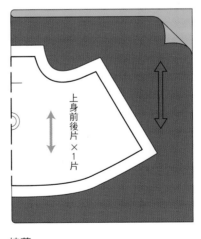

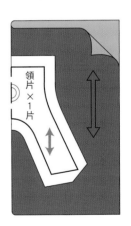

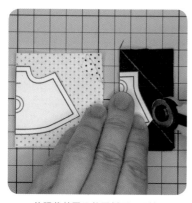

1　依照裁剪圖示放置紙型，用輪刀沿紙型邊緣裁切。

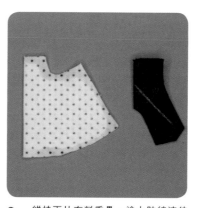

2　維持兩片布料重疊，塗上防綻液待乾。

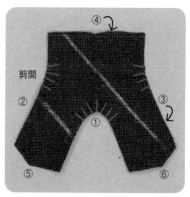

3　在領片弧線的各處剪出牙口，依照順序，布邊往內摺 3mm，用接著劑固定。

4　將領片與紙型對照，確認形狀是否相同。

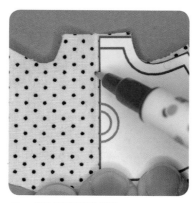

5　標註領子位置的記號。

6　裙襬布邊往內摺 3mm，用接著劑固定。

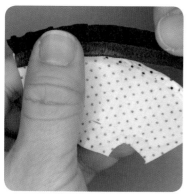

7　裙襬塗上接著劑，黏上荷葉邊蕾絲。剪去多餘的蕾絲，邊緣用打火機收邊或塗上防綻液。
簡易版→往步驟 8
進階版→往步驟 10

8　在兩個腋下的弧線縫份剪出牙口。布邊往內摺 3mm，用接著劑固定。

9　胸前布邊往內摺 3mm，用接著劑固定。
→往步驟 14

10　在兩個腋下的弧線縫份剪出牙口。布邊往內摺 3mm 熨平。

11　胸前布邊往內摺 3mm 熨平。

12　上身衣襬裝飾上蕾絲。與荷葉邊接合處，用珠針固定縫線。

13　蕾絲固定後，在上半部縫上縫線。
　　→往步驟 14

14　背後開口處的布邊各往內摺 3mm，用接著劑固定。

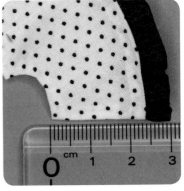

15　用定規尺測量衣長，作為裁剪魔鬼氈的基準。

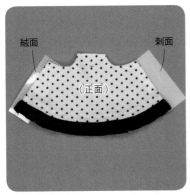

16　將魔鬼氈裁切得比步驟 15 測量的衣長稍長。用接著劑將公扣固定在左側，母扣固定在右側，黏貼時都稍微超出布邊。
　　簡易版→往步驟 17
　　進階版→往步驟 18

17　背後開口處的布邊邊緣都縫上縫線。
　　→往步驟 19

18　依照背後開口處、腋下弧線、胸前、腋下弧線、背後開口處的順序縫邊。
　　→往步驟 19

19 沿布邊修整超出的魔鬼氈母扣。魔鬼
氈公扣留下 8mm 左右的寬度後，剪掉
多餘的部分。

20 用接著劑將領片固定在領子位置。

簡易版　FINISH!!　Front

簡易版　Back

進階版　FINISH!!　Front

進階版　Back

015 / 短袖連身裙

布料▶細棉布（80 支紗、60 支紗、40S 方格紋細平布）、12mm 寬的魔鬼氈、4mm 鈕扣 5 顆

範例

這是一件有兩層蓬鬆裙和小領子的經典連身裙。大家可以挑戰添加領子、袖子和皺褶的設計。如果先做過套衫和荷葉邊裙，應該可以很快上手、順利完成。

裁剪圖示

這是依紙型裁剪布料時，本書推薦的裁剪圖示。

紙型影印後，用裁紙剪刀依照外側的裁剪線剪下紙型，並放在對摺布料的摺雙線上。

這時請確認布料的布紋與紙型標示的箭頭方向是否一致。如果方向不一致，使布料的伸縮性與預期不同，可能會產生成品尺寸不對以及完全不合身的情況。

布料參考：13cm×26cm

裁剪小尺寸的領片時，請特別小心。如果覺得很難用輪刀，裁切袖口弧線和領圍，請先標註記號再剪開。有些部分的縫份較少，會需要使用防綻液。建議使用細平布等薄布料或細棉布，如果裝飾上可愛的緞帶和珠子，會讓整體更加華麗。

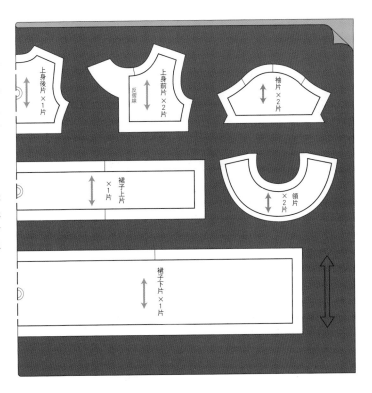

1 依照裁剪圖示放置紙型，用輪刀沿紙型邊緣裁切。

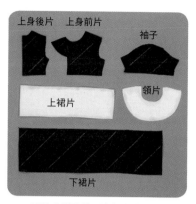

上身後片　上身前片　袖子　領片　上裙片　下裙片

2 兩片布料重疊，塗上防綻液待乾。維持重疊狀態，依照記號在縫份剪出牙口（※為方便看清楚步驟，領片和上裙片用白色布料製作）。

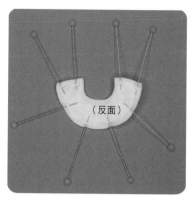

（反面）

3 兩片領片維持重疊狀態，將正面往內翻，用珠針固定。

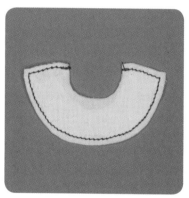

4 除了領圍，其餘布邊往內 2mm 處縫線。

5 稍微剪掉領邊縫份的兩角，在弧線的各處剪出牙口。

6 縫份摺起熨平，從領圍的返口，用返裡鉗翻回正面。

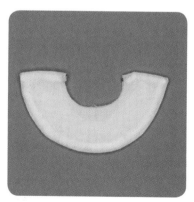

7 領片修剪至從正面不會看到反面布料，用熨斗燙平。

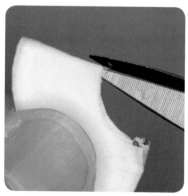

8 領圍對摺，在縫份的中心用剪刀剪出小小的牙口。

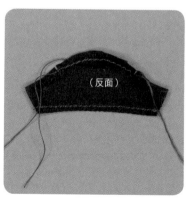

（反面）

9 袖口布邊往內摺 3mm 縫線。為了在袖片頂端做出皺褶，在布邊往內 2mm 處，以疏縫針縫線（手縫即可）。

10 在起針處打一個結，不要鬆開。

11 上身前片和上身後片的正面往內重疊，將肩部用珠針固定。

12 在布邊往內 3mm 處將肩部縫合。將縫份往左右熨平。

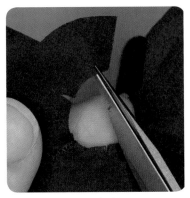

13 在領片縫份的各處剪出牙口。

14 領圍的中心與領片的中心重疊，用珠針固定（①）。

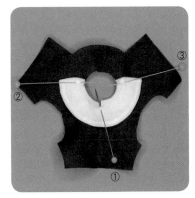

15 領片邊緣以及領子位置的記號對齊（②、③）。中間也要固定（④、⑤）。

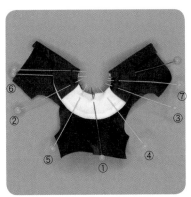

16 上身依照反摺線反摺，將領片夾住。反摺的布會蓋住②、③珠針的上面，所以從上面固定⑥、⑦，再將②、③拔除（用疏縫固定更好）。

17 在布邊往內 3mm 處縫線。

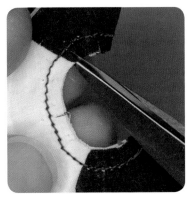

18 領片縫份在與步驟 13 相同處剪出牙口。

19 依照上身摺線反摺，用熨斗熨出摺痕。

20 從領片反摺處的縫份，到另一邊的縫份，都沿著領片下面用縫線固定，不要被看出縫線。

21 在上身袖口縫份的各處剪出牙口。

22 肩部和袖子的中心記號對齊，用珠針固定。

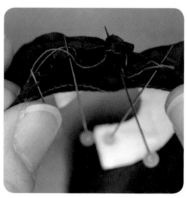

23 再將兩端固定，兩端就是皺褶的起針處和收針處，全部都用珠針固定。

24 像是將大布縮小一般，依照袖口調整，收緊皺褶的上線後用珠針固定。

25 在布邊往內 3mm 處縫線，另一邊也用相同的方式製作。

26 在縫份剪出牙口，縫份往袖子摺熨平。

27 上身的正面往內重疊，袖口到衣襬用珠針固定。

28 側邊布邊往內 3mm 處縫線。

29 在縫份的各處剪出牙口。側邊縫份往左右打開。

30 要在上裙片的一邊做出皺褶，所以在布邊往內 3mm 處，以疏縫針縫線。

31 要在下裙片的一邊做出皺褶，所以在布邊往內 3mm 處，以疏縫針縫線。下裙襬布邊往內摺 4mm，在布邊往內 2mm 處縫線。

32 上裙片和下裙片的記號對齊，用珠針固定。收緊做出下裙片皺褶的上線，上下裙片對齊調整。

33 用錐針調整，讓皺褶的大小平均，布邊往內 4mm 處縫線。

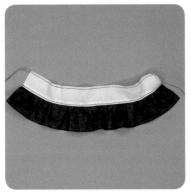

34 上裙片邊的縫份摺起熨平，上裙片的縫份，以縫針縫固定。

35 上身與裙子的記號對齊，再用珠針固定。

36 收緊做出上裙片皺褶的上線，上裙片和裙腰對齊調整。

37 用錐針調整，讓皺褶的大小平均，布邊往內 4mm 處縫線。

38 縫份往上身摺熨平，在上裙片縫上縫線，固定縫份。

39 依照上身摺線內摺。裙子也一樣，布邊往內摺 4mm 熨平。

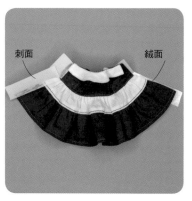

刺面　　　　　絨面

40 魔鬼氈裁切得比布邊大一些。用接著劑將公扣固定在左側，母扣固定在右側，黏貼時都稍微超出布邊。

41 依照右領片下方、右前面開口處到右裙襬，左裙襬、左前面開口處、到左領片下方的順序縫邊。

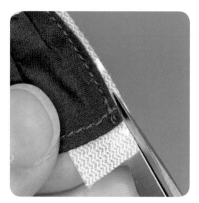

42 沿布邊修整超出的魔鬼氈母扣。魔鬼氈公扣留下 7mm 左右的寬度後，剪掉多餘的部分。

FINISH!!

Front

Back

在前面開口處，黏上 4mm 裝飾鈕扣，即大功告成！

016 / 翻領連身裙

布料▶細棉布（80 支紗、60 支紗、40S 方格紋細平布）

範例

簡易版

進階版

這是一件無袖連身裙，只要縫合肩膀，製作簡單。建議可以先試作成沒有領子的款式。（參考圖片）這篇介紹了使用接著劑的簡易版和針線縫製的進階版。

裁剪圖示

這是依紙型裁剪布料時，本書推薦的裁剪圖示。

紙型影印後，用裁紙剪刀依照外側的裁剪線剪下紙型，並放在對摺布料的摺雙線上。

這時請確認布料的布紋與紙型標示的箭頭方向是否一致。如果方向不一致，使布料的伸縮性與預期不同，可能會產生成品尺寸不對，以及完全不合身的情況。

布料參考：13cm×16cm（上身和領片）、4cm×10cm（只有領片）

裁剪小尺寸的領片時，請特別小心。有些部分的縫份較少，會需要使用防綻液。建議使用有小花或圓點圖案的細布或平織布。如果使用橫紋或直紋的布料，則背後會出現斜向針織圖案。

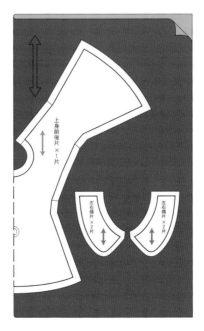

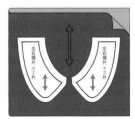

1　依照裁剪圖示放置紙型，用輪刀沿紙型邊緣裁切。

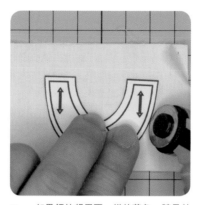

2　如果領片想用不一樣的花色，請另外準備布料的裁切。

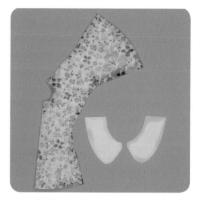

3　維持兩片布料重疊，布邊塗上防綻液待乾。

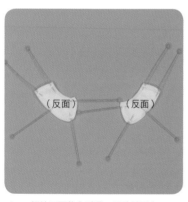

4　領片正面往內重疊，用珠針固定。

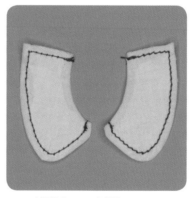

5　布邊往內 2mm 處縫線。

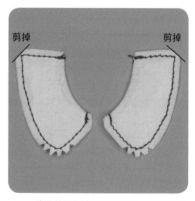

6　稍微剪掉領邊縫份的兩角，在弧線的各處剪出牙口。

7　將縫份摺起熨平，用返裡鉗從領圍返口翻回正面。

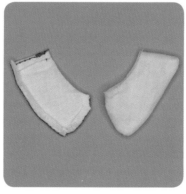

8　領片修剪至從正面不會看到反面，用熨斗燙平。

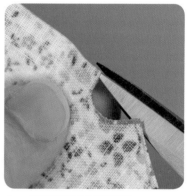

9　在縫份的前中心剪出牙口。
簡易版→往步驟 10
進階版→往步驟 11

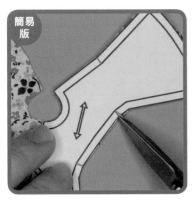

10 在袖口的記號剪出牙口，布邊往內摺
3mm，用接著劑固定。
→**往步驟 12**

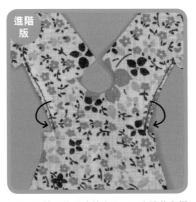

11 在袖口的記號剪出牙口，布邊往內摺
3mm，在布邊往內 1～2mm 處縫線。
→**往步驟 12**

12 將領片放在上身的前中心，用珠針固
定。

13 將領片朝上身後片的領子位置對齊，
在各處用珠針固定。

14 布邊往內 3mm 處縫線。在縫份的各處
剪出牙口。

15 縫份往上身熨平。
簡易版→往步驟 16
進階版→往步驟 17

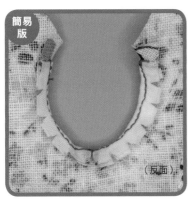

16 縫份往上身摺，用接著劑固定，或縫
合固定。
→**往步驟 18**

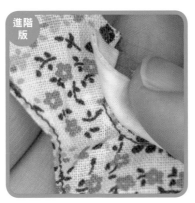

17 避開領片，將縫份往上身摺，在布邊
往內 1～2mm 處縫線。
→**往步驟 18**

18 正面往內重疊，側邊用珠針固定。

19 側邊布邊往內摺 3mm 縫線，在縫份腰圍處剪出牙口。
簡易版→往步驟 20
進階版→往步驟 21

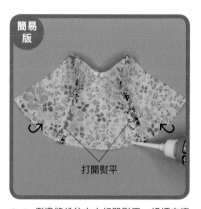

打開熨平

20 側邊縫份往左右打開熨平。裙襬布邊往內摺 3mm，用接著劑固定。
→往步驟 22

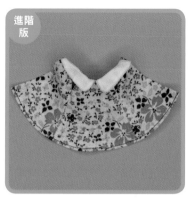

21 縫份往左右打開，裙襬布邊往內摺 3mm 熨平後，在布邊往內 1～2mm 處縫線。
→往步驟 22

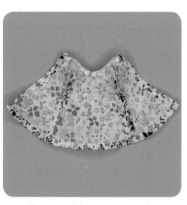

22 後面中心線上的腰圍布邊剪出牙口，布邊往內摺 3mm，用接著劑固定。

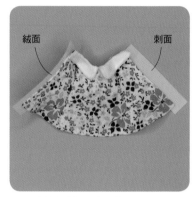

絨面　　　　　　　刺面

23 魔鬼氈裁切得比布邊大一些。用接著劑將公扣固定在左側，母扣固定在右側，黏貼時都稍微超出布邊。

24 在背後開口處的布邊往內 1～2mm 處縫線。

25 沿布邊修整超出的魔鬼氈母扣。魔鬼氈公扣留下 7mm 左右的寬度後，剪掉多餘的部分。

26 如果素體背面藏有支架，配合支架插入位置，在魔鬼沾上剪出牙口。

27 如果沒有使用支架，就只在腰圍處剪出牙口。袖子翻回正面即大功告成。

簡易版

FINISH!!

Front

簡易版

Back

進階版

FINISH!!

Front

進階版

Back

布料▶毛長約 2mm～5mm 的超柔絨面布、60 支紗細棉布、寬 4mm 的緞帶 105mm 長、2mm 扣眼 3 個、4mm 金屬環 1 個、5mm 鈴鐺 1 個、迷你日字扣 1 個

範例

這是一件像貓咪般毛茸茸的連帽背心。因為是背心款式，裡面可以穿搭其他服裝，享受搭配的樂趣。這篇介紹了如何利用毛面布料製作服飾，以及頸圈的製作方法。毛面布料的裁切有些不容易，但是縫合後的縫線不顯眼，其實是一種不容易發現完成品差異的美觀布料，所以請大家一定要挑戰看看喔！

裁剪圖示

這是依紙型裁剪布料時，本書推薦的裁剪圖示。
紙型影印後，用裁紙剪刀依照外側的裁剪線剪下紙型，並放在對摺布料的摺雙線上。
這時請確認布料的布紋與紙型標示的箭頭方向是否一致。如果方向不一致，使布料的伸縮性與預期不同，可能會產生成品尺寸不對，以及完全不合身的情況。

布料參考：16cm×21cm、4cm×4cm（耳朵裡襯）
使用毛布料在裁切時，布料毛流方向與紙型箭頭方向需一致。建議可以先去除縫份處的毛，也可以從毛布料底布裁剪，但有點困難，裁剪時還請留意（使用刀刃彎曲上翹的雕繡剪刀裁剪會比較方便）。

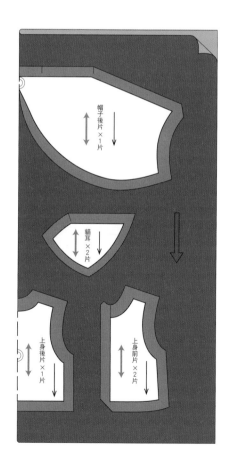

帽子後片 ×1 片

貓耳 ×2 片

上身後片 ×1 片

上身前片 ×2 片

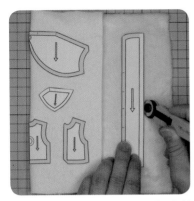

1 依照裁剪圖示放置紙型，用輪刀沿紙型邊緣裁切。注意依毛流方向裁切。

2 避開毛面布料的底部，只將毛面依照紙型斜線部分剪短（雖然成品稍有差異，但也可以先不去毛直接製作）。

3 用吸塵器或貼布去除布片上多餘的毛屑。

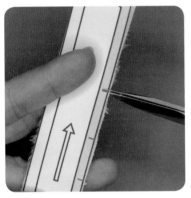

4 依照紙型的記號剪出牙口。

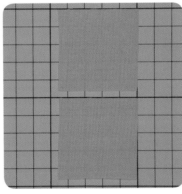

5 貓耳的裡襯布料裁切成 45mm 方布。

6 捋順貓耳布料的毛後，放在貓耳的裡襯布料上，用珠針固定。

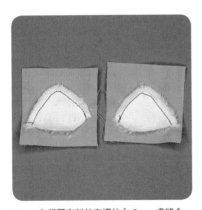

7 在貓耳布料的布邊往內 3mm 處縫合。

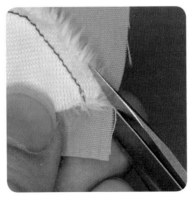

8 依照貓耳布料，裁切貓耳的裡襯布料。

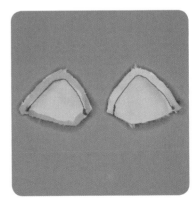

9 在貓耳的裡襯布料布邊，塗上防綻液待乾。

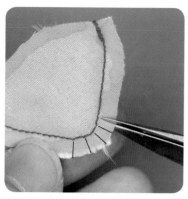

10 在縫份弧線上剪出牙口。

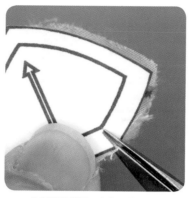

11 依照紙型彎摺，在縫份剪出牙口，作為後續製作的記號。

12 用返裡鉗翻回正面。

13 縫份標註的牙口和貓耳的耳尖依記號對摺，用珠針固定。注意左右對摺幅度要一致。

14 在布邊往內 3mm 處縫線。左右貓耳作業方式相同，貓耳完成。

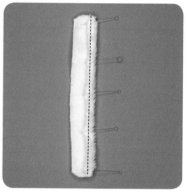

15 帽子前面、縫份未標註記號的該側，布邊往內摺 5mm 縫線。

16 將耳朵重疊在帽子前面，有標註牙口的該側用珠針固定。

17 從一隻耳朵到另一隻耳朵，在布邊往內 3mm 處疏縫固定。

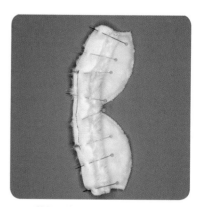

18 將帽子後面有標註牙口的部分，和帽子前面貓耳暫時固定的部分，絨毛往內並對齊接合，用珠針固定。

19 在布邊往內 4mm 處縫線。

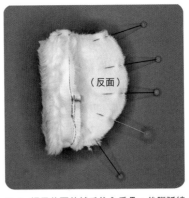

20 帽子後面的絨毛往內重疊，後腦弧線用珠針固定。

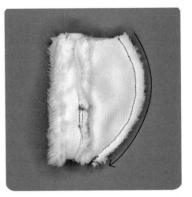

21 從頸部縫到頭頂，在布邊往內 4mm 處縫線，最後頂部位置的縫份要縫細一點。

22 在縫份的弧線剪出牙口，貓耳縫份被縫到的部分剪去 2mm 左右。

23 翻回正面。挑起被縫住的絨毛。用錐針穿過縫合處的針線孔，將絨毛挑起。

24 把毛梳順（最好使用專用梳，但也可以使用寵物針梳）。

25 絨毛往內重疊，將上身前片和上身後片的肩部用珠針固定。

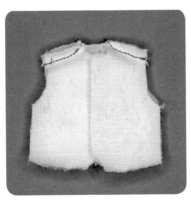

26 在布邊往內 4mm 處縫線。

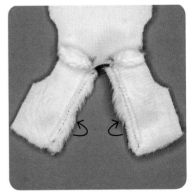

27 上身前片布邊往內摺 4mm 縫線。

28 在袖口縫份剪出牙口，往反面內摺 4mm，用半迴針或邊縫縫合。

29 在上身領圍的縫份剪出牙口，絨毛往 內與帽子重疊，後面中心用珠針固 定。

30 帽子的中心與上身領圍兩端，各用珠 針固定。

31 依照由前往後的順序，將布料接合固 定。多餘的布料往後中心摺，用珠針 固定。

32 在布邊往內 5mm 處縫線。

33 將縫份往上身摺縫線。縫份與上身用 邊縫固定。

34 上身側邊的絨毛往內重疊，用珠針固 定。

35 在布邊往內 4mm 處縫線（左右兩邊做 法相同）。

36 縫份左右打開，衣襬布邊往內摺， 4mm 用珠針固定。確認前面左右衣襬 長度是否相同，來調整內摺的長度。

37 在衣襬布邊往內 1～2mm 處縫線。

38 和步驟 23 一樣，梳開被縫到的毛。

39 背心完成。

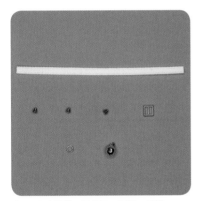

40 拿出緞帶、日字扣、扣眼、鈴鐺。

41 緞帶的一邊剪成尖頭狀，兩端都用打火機收邊，避免脫線。

42 將緞帶穿過日字扣，拉至 12mm 長時對摺，塗上接著劑固定。

43 將金屬環的形狀稍微拉長成橢圓形，裝上鈴鐺後穿過緞帶（依個人喜好，也可以不裝飾鈴鐺）。

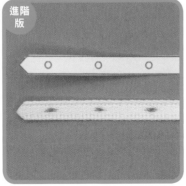

44 依照紙型標註記號，鑽出 1.5mm 的洞。

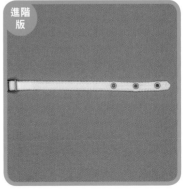

45 鑽出 2mm 的扣眼。

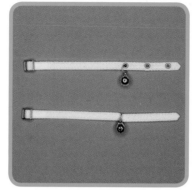

46 鈴鐺穿上金屬環，扣在最靠近日字扣的緞帶扣眼上。

（上）進階版
（下）簡易版

FINISH!!

Front

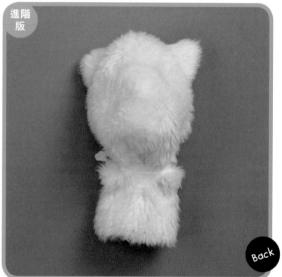

Back

 **／ 吊帶背心短褲套組**

布料▶薄天竺棉、莫代爾棉、透視布料。彈性拉歇爾荷葉邊蕾絲寬 16mm×長 32cm（可剪掉一部分的彈性蕾絲，選取可以使用的部分）。

肩帶用：沙丁緞帶寬 2～3mm×長 50mm

如果選用棉質蕾絲，很容易發生邊緣綻開的情況，所以建議使用拉歇爾蕾絲或彈性蕾絲，這類不容易綻開的布料。

裝飾用：緞帶或鈕扣　※如果使用縫紉機，下線請使用羊毛化纖柔軟線，上線請使用 Resilon 針織車縫專用線較佳。

範例

這套吊帶背心短褲套組，使用了薄針織和蓬鬆的蕾絲布料，充滿甜美風格。我們也向大家介紹了蕾絲加工和下線使用彈性拷克線的縫製步驟。背心的胸前與褲子的腰圍都使用了彈性拷克線，可彈性伸縮，是一件適合各種素體穿著的萬能款式。大家製作的時候，盡量選擇較薄針織與彈性蕾絲的布料。

裁剪圖示

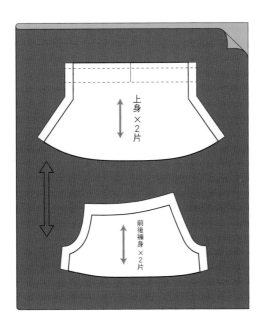

上身×2片

前後褲身×2片

這是依紙型裁剪布料時，本書推薦的裁剪圖示。

紙型影印後，用裁紙剪刀依照外側的裁剪線剪下紙型，並放在對摺布料的摺雙線上。

這時請確認布料的布紋與紙型標示的箭頭方向是否一致。如果方向不一致，使布料的伸縮性與預期不同，可能會產生成品尺寸不對，以及完全不合身的情況。

布料參考：10cm×17cm

如果覺得很難用輪刀，沿著紙型的褲襠曲線裁切，也可以先標註記號再用剪刀裁剪。其他輪廓都趨近於直線，用輪刀裁切也很方便。針織布料的內裡（針織）等，也比較適合選用薄透的布料。硬挺的歐更紗等材質，較不適合。建議大家也可以做成沒有肩帶的露肩上衣。

1　先準備蕾絲。將 16mm 寬的蕾絲切半（8mm）（細直線花紋為上半部，荷葉邊為花瓣蕾絲）。

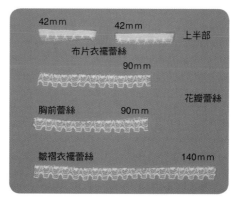

42mm　　42mm　上半部
布片衣襬蕾絲
90mm
花瓣蕾絲
胸前蕾絲　90mm
皺褶衣襬蕾絲　140mm

2　上半部為 2 條寬 8mm×長 42mm，花瓣蕾絲為寬 8mm×長 140mm 和 2 條寬 8mm×長 90mm，總共 5 條。

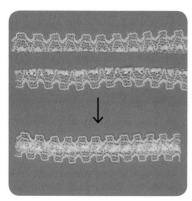

3　2 條寬 8mm×長 90mm 的花瓣蕾絲，荷葉邊朝外，重疊 2mm，用接著劑固定。

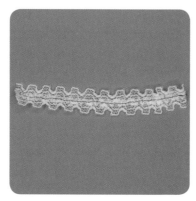

4　蕾絲固定的中心部分，用縫紉機縫製成 1 條寬 14mm×長 90mm 的蕾絲。

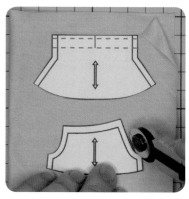

5　依照裁剪圖示放置紙型，用輪刀沿紙型邊緣裁切。

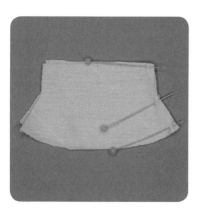

6　背心側邊用珠針固定。

7　在側邊布邊往內 3mm 處縫線，在縫份處剪出牙口，往左右打開。

8　衣襬塗上接著劑，在背心正面貼上，事先準備好的寬 8mm×長 140mm 花瓣蕾絲，貼在蕾絲 5mm 處，蕾絲如果太長請剪短。

9　在布邊往內摺 2mm 處縫線，不能在上身反面看到縫線。

10　在上身胸前，用接著劑黏上步驟 4 準備的胸前蕾絲。

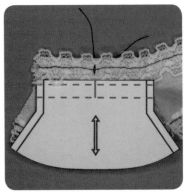

11　用容易辨別的彩色縫線，在上身前片的中心標註記號。之後會拆掉此線，所以不要打結。

12　下線改為彈性拷克線，上線仍使用 Resilon 針織車縫專用線，將 2 條線平行縫過胸前。在布邊往內 2mm 和 7mm 處縫線。

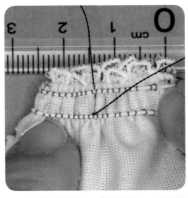

13　兩側正面往內，側邊重疊，一次抓著 4 條彈性拷克線收緊。對摺成約 25mm 長。

14　用珠針固定不要歪斜。

15　縫紉機的下線改回羊毛化纖柔軟線，上線仍使用 Resilon 針織車縫專用線，在布邊往內 3mm 處縫線。

16　用定規尺確認彈性拷克線是否歪斜，整理 4 條，上下 2 條各自打結。留下距線頭 5mm 左右的線長剪斷，為避免抽鬚，塗上防綻液待乾。在縫份處剪出牙口。

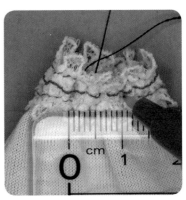

17　翻回正面，在彩色縫線的左右兩側 5mm 標註記號，手縫緞帶當作肩帶。可套在素體上決定肩帶長度，避免失敗。

18 拆掉中心的彩色縫線，縫上裝飾的珠子、緞帶就完成背心製作。

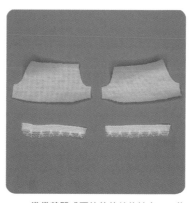

19 準備剪開成兩片的的前後褲身，2 條 8mm×長 42mm 蕾絲。

20 拉長備好的蕾絲，用珠針固定在布邊。

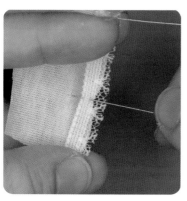

21 再拉開蕾絲中段，固定正中央。

22 再將兩端與正中央的中間固定。

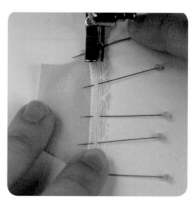

23 將布料放在影印紙上，避開珠針（不可鬆脫），在布邊車縫上蕾絲，只須縫上一條線。

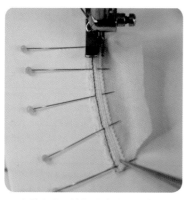

24 轉向後一邊拆掉珠針，一邊在內側 3mm 處，再平行車縫一條線（總共縫 2 條線）。

25 沿縫合處，撕除影印紙。

26 前褲襠正面往內重疊，用珠針固定。

27 在布邊往內 3mm 處縫線。

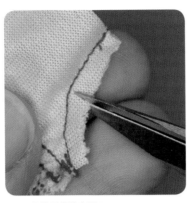

28 在縫份處剪出牙口。

29 縫份左右打開，用接著劑固定。

30 褲腰往內摺 4mm 用珠針固定，因為要穿彈性拷克線，所以最好將布邊縫線。

31 利用粗的刺繡針或抱枕綴飾針將彈性拷克線穿過腰圍。

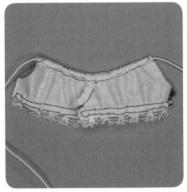

32 彈性拷克線穿過腰圍後，兩端各留下約 10cm 的線長。

33 腰圍對摺，拉緊彈性拷克線，將褲腰收緊至 25mm 左右後打結。留下距線頭 5mm 左右的線長剪斷，為避免抽鬚，塗上防綻液待乾。

34 將左右褲片的正面往內摺重疊，用珠針固定後褲襠，在布邊往內 3mm 處縫線。

35 在縫份處剪出牙口。

 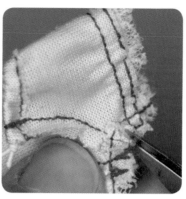 

36 接合下檔，用珠針固定。

37 在布邊往內 3mm 處縫線，在縫份處剪出牙口。

38 用返裡鉗翻回正面。

FINISH!!

Front

Back

019 / 襪子

布料▶莫代爾天竺棉 30S、平滑針織、薄針織布料
※建議下線使用羊毛化纖柔軟線，上線使用 Resilon 針織車縫專用線，縫製時墊一張薄紙在下面。

範例

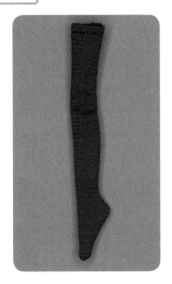

這是一款依腿部線條輪廓設計的襪子。由於可以當作穿搭的重點，建議做成各種素色。尺寸多樣，請先確認素體大小後再開始製作。縫製時，請留意維持大腿到腳踝的曲線。

裁剪圖示

膝上襪
×2片

這是依紙型裁剪布料時，本書推薦的裁剪圖示。

紙型影印後，用裁紙剪刀依照外側的裁剪線剪下紙型，並放在對摺布料的摺雙線上。
這時請確認布料的布紋與紙型標示的箭頭方向是否一致。如果方向不一致，使布料的伸縮性與預期不同，可能會產生成品尺寸不對，以及完全不合身的情況。

布料參考：11cm×11cm
只要不是太厚的針織布，基本上大部分的布都可用來製作。依照布料種類需調整縫份，請先試做一隻調整縫份。如果真的縫份不夠時，裁切布料時，不要對齊紙型的摺雙線裁切，就可以增加布料用量。

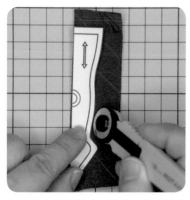

1　依照裁剪圖示放置紙型，用輪刀沿紙型邊緣裁切。

2　襪口布邊往內摺 4mm，用珠針固定。

3　在布邊往內 2mm 處縫線。

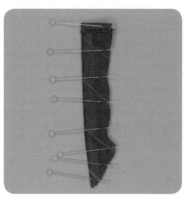

4　正面往內重疊，用珠針固定。

5　在襪口到腳踝的布邊往內 3mm 處縫線。

6　在縫份處剪出牙口。

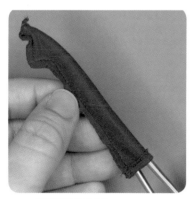

7　用返裡鉗翻回正面。

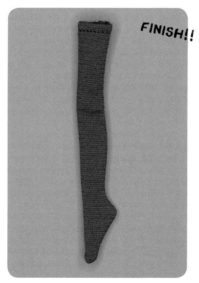

FINISH!!

布料▶80 單寧的布料、印花彈性尼龍布
※建議下線使用羊毛化纖柔軟線,上線使用 Resilon 針織車縫專用線,縫製時墊一張薄紙在下面。

範例		這是一款依腿部線條輪廓設計的褲襪。不論是素色還是有印花,都能成為時尚焦點,建議做成各種色款。尺寸多樣,請先確認素體大小後再開始製作。

裁剪圖示

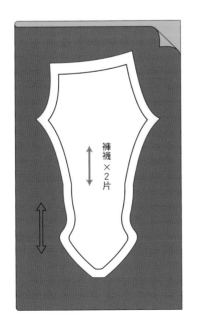

褲襪
×2片

這是依紙型裁剪布料時,本書推薦的裁剪圖示。
紙型影印後,用裁紙剪刀依照外側的裁剪線剪下紙型,並放在對摺布料的摺雙線上。
這時請確認布料的布紋與紙型標示的箭頭方向是否一致。如果方向不一致,使布料的伸縮性與預期不同,可能會產生成品尺寸不對,以及完全不合身的情況。

布料參考:15cm×15cm
考慮到外面的下身,比較不適合使用太厚的布料。最好使用薄針織類的布料。例如印花彈性尼龍布的花色就很豐富。如果要做成素色款,也可以使用真實尺寸的褲襪來製作。

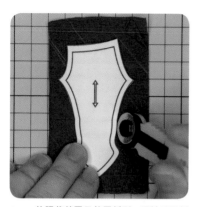

1 依照裁剪圖示放置紙型，用輪刀沿紙型邊緣裁切。

2 用珠針固定前褲襠，在布邊往內 3mm 處縫線。

3 縫份向左右打開，腰圍布邊往內摺 4mm，在布邊往內 2mm 處縫線。

4 布料的厚薄和伸縮性不同，所以須配合素體，決定後褲襠的縫份寬度。可試套在素體上，用珠針固定腰圍，確認臀圍大小就可避免失敗。

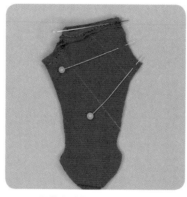

5 正面往內重疊，用珠針固定後褲襠，再依照步驟 4 決定的縫份寬度縫線（基本上是 3mm）。

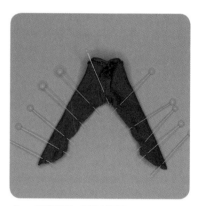

6 下襠對齊，用珠針固定。

7 從腳尖到胯下，再到另一邊腳尖，在布邊往內 3mm 處縫線。

8 在縫份剪出牙口，用返裡鉗翻回正面。

FINISH!!

021／皮帶

布料▶厚 0.2mm 的合成皮、3mm 扣眼 9 個、要穿過 4mm 緞帶的迷你日字扣 1 個、魔鬼氈 15mm

範例

這是一條有扣眼、具有擬真感的皮帶，需要製作扣眼的工具。建議選用金屬材質的扣眼，添加真實感，也請試試看加上縫線，會使整體更加帥氣。書中是將薄合成皮對摺使用，也可以使用薄真皮，不需對摺，只要沿著摺線裁切使用即可。

布料參考：10cm×3cm

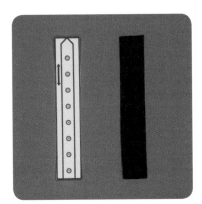

1　依照裁剪圖示放置紙型，用輪刀沿紙型的邊緣裁切（裁切成寬 12mm×長74mm）。

2　兩側布邊往內 3mm 處對摺，對齊中線。

3　中間夾入寬 5mm×長 15mm 的魔鬼氈公扣 5mm，用接著劑固定。用熨斗熨平黏住固定。

4　對照皮帶紙型前端完成線摺好的形
　狀，裁切另一端未夾入的魔鬼氈側邊
　斜角。

5　布邊四周縫線，與魔鬼氈縫合。

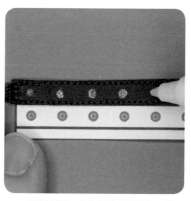

6　對照紙型，在扣眼位置標註打洞的記
　號。

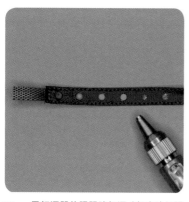

7　用打洞器依照記號打洞（打出比扣眼
　尺寸小一圈的洞即可。例如 3mm 的扣
　眼，建議打出約 2mm～2.5mm 的
　洞）。

8　打出扣眼。

9　穿過日字扣，並移動至皮帶前面數來
　第 5 個扣眼。

10　魔鬼氈母扣裁切成寬 8～10mm×長
　　12mm 的大小，用接著劑黏貼在內
　　側，用縫紉機縫線，修剪超出皮帶的
　　多餘部分。

11　日字扣移動至皮帶前面數來第 2 個扣
　　眼。

FINISH!!

在布料打出扣眼的方法 與頸圈項鍊

這篇課程是在布料打出扣眼的方法和頸圈項鍊製作方法。

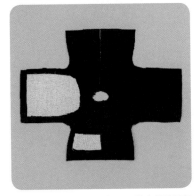

1 在要打出扣眼的部分，黏上針織用的薄布襯。黏貼時，以紙型上的完成線為準，避開縫份。

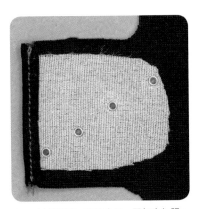

2 袖口縫線，打出小洞，再打出扣眼。
→往 T 恤製作

3 將側邊和衣襬縫線，打出小洞，再打出扣眼。→往 T 恤製作（依照個人喜好，可在成品上添加鍊子等裝飾）。

FINISH!!

頸圈項鍊製作方法

1 準備 5mm×4mm 的迷你日字扣（最小尺寸）和寬 2.5mm～3.0mm 的緞帶等約 60mm 長。

2 緞帶穿過日字扣，約 10mm 左右內摺，用接著劑固定。

3 試戴在素體上（脖子或手腕等），調整切除多餘的長度即可完成。

關於服裝尺寸

以下參考資料為本書介紹的服裝製作方式與紙型，以及適合穿著換裝的 1/12 袖珍版娃娃。
為自己手邊的娃娃製作服裝造型時，還請參考利用。

	OB11 素體	黏土娃 Boy	黏土娃 Girl	Cu-poche EXTRA 男生素體	Cu-poche EXTRA 女生素體
T恤 A	◎	○長袖	○長袖	×	×
T恤 B	○	◎	◎	×	×
T恤 C	×	×	×	◎	◎
T恤 D	×	×	×	×	×
T恤 E	×	×	×	×	×
短袖襯衫 E	○長版（罩衫）	○長版（罩衫）	○長版（罩衫）	△長版（罩衫）	△長版（罩衫）
短袖套衫 D	○長版（罩衫）	○長版（罩衫）	○長版（罩衫）	×	×
連帽上衣 A	◎拆除頭部穿上	△很不好穿	△很不好穿	△寬鬆	△寬鬆
貓耳連帽背心帽子 L	○改造頭部	◎	◎	◎	◎
貓耳連帽背心帽子 M	◎植髮頭和 4 英吋內的假髮頭	○帽子不會掉	○帽子不會掉	○帽子不會掉	○帽子不會掉
吊帶背心短褲套組 B	○需卸下肩膀穿上	○需卸下頸軸穿上	○需卸下頸軸穿上	◎	◎
針織短褲 A	◎	◎	◎	○偏大	○偏大
長褲 A	◎	×	×	×	×
長褲 B	○短版	◎	○	×	×
簡易哈倫褲 B	○短版	◎	◎	×	×
長褲 E	×	×	×	×	×
窄管長褲 E	×	×	×	×	×
長褲 B（短版設計）	○	◎	○	△頗寬鬆	△頗寬鬆
長褲 E（短版設計）	○七分褲版	×	×	△長版頗寬鬆	△長版頗寬鬆
工裝長褲 C	×	×	×	◎	◎
短褲 C	×	×	×	◎	◎
針織哈倫褲 B	◎	◎	◎	◎	◎
荷葉邊迷你裙 A	◎	○稍緊	○稍緊	×	×
荷葉邊迷你裙 B	○有穿褲襪	◎	◎	×	×
緊身裙 C	×	×	×	◎	◎
緊身裙 D	○稍緊	○稍緊	○稍緊	×	×
短袖連身裙 A	◎	◎	◎	△及踝長度	△及踝長度
翻領連身裙 B	◎	◎	◎	△膝下長度	△膝下長度
無袖連身裙 C	×	×	×	◎	◎
連帽連身裙 D	×	×	×	×	×
皮帶	依穿搭配戴	依穿搭配戴	依穿搭配戴	依穿搭配戴	依穿搭配戴
A-D	◎A	◎B	◎B	◎C	◎C
襪子 A-E	◎A	◎B	◎B	◎C	◎C

〈書中的尺寸與穿著範例使用的素體〉

A 尺寸：以 OB11 素體，為 A 尺寸的穿著範例。
B 尺寸：以黏土娃，為 B 尺寸的穿著範例。
C 尺寸：以 Cu-poche EXTRA，為 C 尺寸的穿著範例。
D 尺寸：以女神裝置，為 D 尺寸的穿著範例。
E 尺寸：以 PICCO 男子，為 E 尺寸的穿著範例。

女神裝置	Picconeemo S 素體關節強化版	Picconeemo M 素體關節強化版	PICCO 男子	Brownie	機人企畫 EARTH	宇宙 USA
△袖子稍短	△袖子稍短	△	△	○袖子稍長	○領子偏大	○領子偏大
△袖子稍短	△袖子稍短	△	△	◎	○領子偏大	○寬鬆
×	×	×	×	×	○七分袖	△5 分袖稍緊
◎	◎	◎	○	×	×	○袖子稍長
○寬鬆	○寬鬆	○寬鬆	◎	×	×	×
◎	◎	◎	◎	△長版（罩衫）	×	○長版
◎	◎	◎	◎	△長版（罩衫）	×	○偏大
◎露肚臍	◎露肚臍	◎露肚臍	◎露肚臍	◎	△偏大	◎偏大
△（帽子過大）	△（帽子過大）	△（帽子過大）	△（帽子過大）	×	×	×
△（帽子過大）	△（帽子過大）	△（帽子過大）	△（帽子過大）	×	×	×
○	◎	◎	◎	◎	○肩帶稍長	◎
◎	◎	◎	◎	◎	○腰圍偏大	○腰圍偏大
○七分褲	○七分褲	○七分褲	○七分褲	×	×	×
○七分褲、腰圍寬鬆	○七分褲、腰圍寬鬆	○七分褲、腰圍寬鬆	○七分褲、腰圍寬鬆	◎	×	×
×	×	×	×	×	×	×
◎	×	◎	◎	×	×	×
◎	△褲襠稍長	◎	◎	×	×	×
○腰圍寬鬆	○腰圍寬鬆	○腰圍寬鬆	○腰圍寬鬆	◎	×	×
◎	◎	◎	◎	○	×	△偏大
×	×	×	×	×	◎	○七分褲、稍緊
×	×	×	×	×	◎	○稍緊
◎	◎	◎	◎	◎	○偏大	○腰圍偏大
◎	◎	◎	◎	◎	×	×
○有穿褲襪	×	○有穿褲襪	○有穿褲襪	○寬鬆	×	×
×	×	×	×	×	○	○稍緊
◎	◎	◎	◎	◎	×	×
△	△	△	×	◎	△偏大	△偏大
△當上衣	△當上衣	△當上衣	△當上衣	◎	○領子偏大	○領子偏大
△視胸部零件而定	△當上衣	△當上衣	△當上衣	△	◎	◎
◎	◎	◎	◎	×	×	△袖長寬鬆
依穿搭配戴	依穿搭配戴	依穿搭配戴	依穿搭配戴	依穿搭配戴	依穿搭配戴	依穿搭配戴
◎D	×	◎D	◎D	○A ○B	△B	△A 寬鬆
◎D	◎A ◎E	◎E（膝上）	◎E	○A ○B	○B ○E	○B 稍緊 ○E

※尺寸是由編輯部與作者調查的資料，如果有疑問請與廠商確認。
※尺寸是依照穿著範例的服裝測量確認。
　書中的紙型是以合身尺寸繪製，可能會因布料的厚薄或縫份的增減，造成成品的差異。

紙型

這些是書中服裝款式的紙型。服裝製作方式請參考前面的步驟，
並請一併參考 p29 的服裝製作技巧。

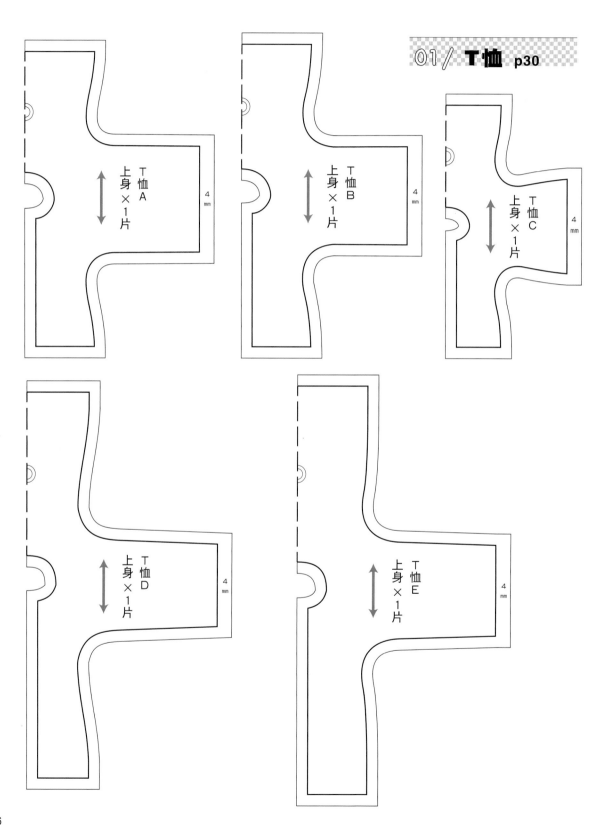

01/ **T恤** p30

T恤
上身×1片
A

4 mm

T恤
上身×1片
B

4 mm

T恤
上身×1片
C

4 mm

T恤
上身×1片
D

4 mm

T恤
上身×1片
E

4 mm

02 / 簡易哈倫褲 p35

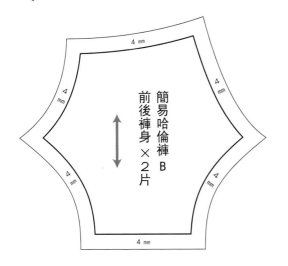

4 mm
4 mm
4 mm
4 mm
4 mm
4 mm

簡易哈倫褲B
前後褲身×2片

03 / 針織哈倫褲 p39

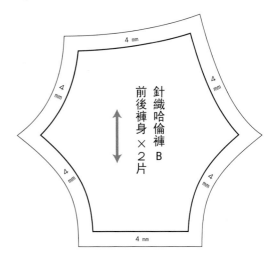

4 mm
4 mm
4 mm
4 mm
4 mm
4 mm

針織哈倫褲B
前後褲身×2片

04 / 針織短褲 p42

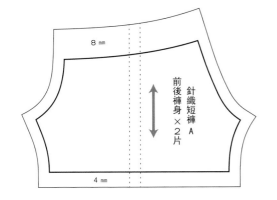

8 mm
4 mm

針織短褲A
前後褲身×2片

05 / 短褲 p46

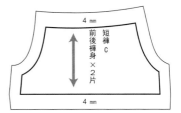

4 mm
4 mm

短褲C
前後褲身×2片

06 / 工裝長褲 p50

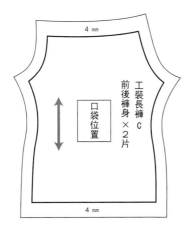

4 mm
4 mm

口袋位置

工裝長褲C
前後褲身×2片

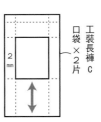

2 mm

工裝長褲C
口袋×2片

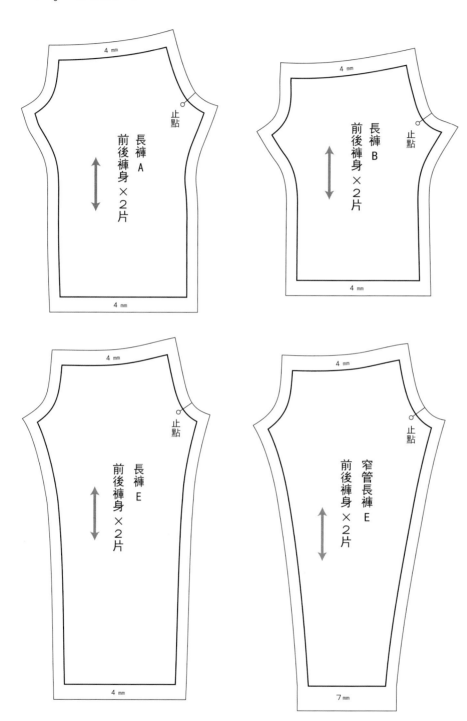

4 mm

止點

長褲 A
前後褲身 ×2 片

4 mm

4 mm

止點

長褲 B
前後褲身 ×2 片

4 mm

4 mm

止點

長褲 E
前後褲身 ×2 片

4 mm

4 mm

止點

窄管長褲 E
前後褲身 ×2 片

7 mm

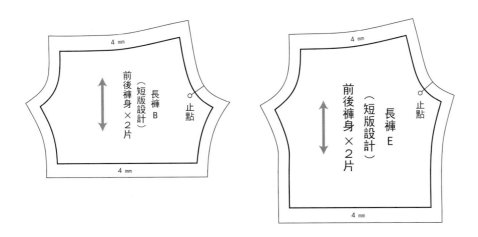

長褲 B（短版設計）
前後褲身×2片
4 mm
4 mm
止點

長褲 E（短版設計）
前後褲身×2片
4 mm
4 mm
止點

08／荷葉邊迷你裙 p62

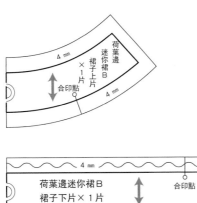

荷葉邊迷你裙 B
裙子上片×1片
合印點
4 mm
4 mm

荷葉邊迷你裙 B
裙子下片×1片
4 mm
合印點
皺褶

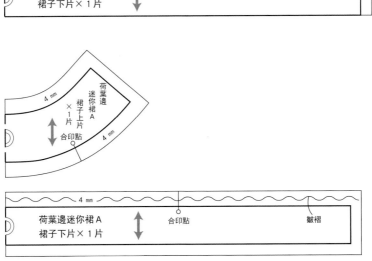

荷葉邊迷你裙 A
裙子上片×1片
合印點
4 mm
4 mm

荷葉邊迷你裙 A
裙子下片×1片
4 mm
合印點
皺褶

09 / 緊身裙 p66

4 mm

緊身裙
裙子前片 C
×1片

4 mm

4 mm

緊身裙
裙子後片 C
×2片

4 mm

4 mm

緊身裙
裙子前片 D
×1片

4 mm

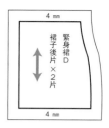

4 mm

緊身裙
裙子後片 D
×2片

4 mm

010 / 短袖襯衫 p69

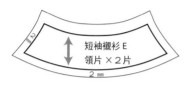

短袖襯衫 E
領片×2片

2 mm

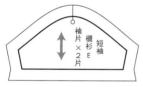

短袖襯衫 E
袖片×2片

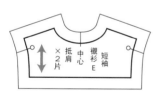

短袖襯衫 E
中心 抵肩
×2片

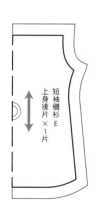

短袖襯衫 E
上身後片 ×1片

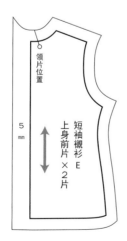

領片位置

5 mm

短袖襯衫 E
上身前片 ×2片

011 / 短袖套衫 p74

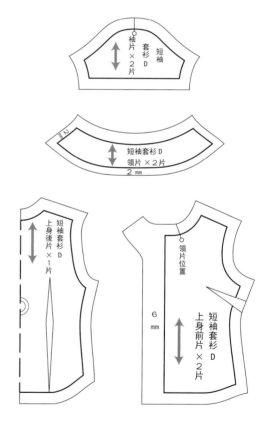

短袖套衫 D
袖片×2片

短袖套衫 D
領片×2片

2 mm

短袖套衫 D
上身後片 ×1片

領片位置

6 mm

短袖套衫 D
上身前片 ×2片

012 / 連帽上衣 p79

連帽上衣A
上身×1片

4 mm

4 mm

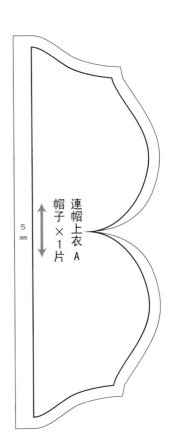

連帽上衣A
帽子×1片

5 mm

013 / 連帽連身裙 p83

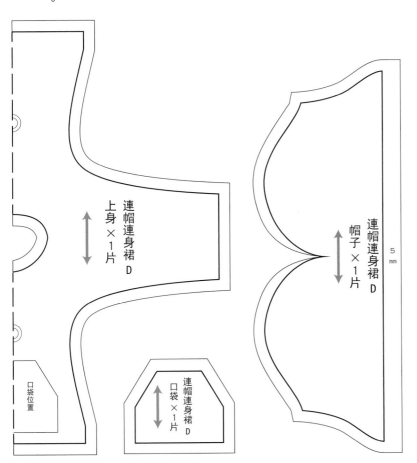

連帽連身裙D
上身×1片

口袋位置

連帽連身裙D
口袋×1片

連帽連身裙D
帽子×1片

5 mm

連帽連身裙D
裙子×1片

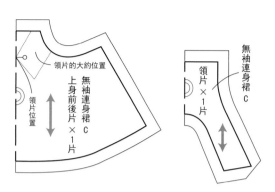

領片的大約位置

領片位置

無袖連身裙 C
上身前後片×1片

領片×1片
無袖連身裙 C

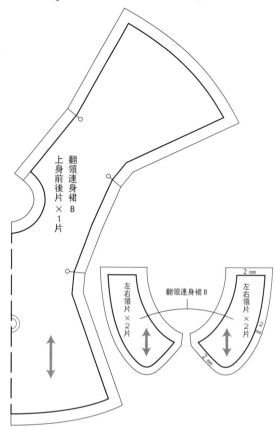

翻領連身裙 B
上身前後片×1片

左右領片×2片
翻領連身裙 B
左右領片×2片

2 mm
2 mm
2 mm

短袖連身裙 A
上身後片×1片

4 mm

短袖連身裙 A
上身前片×1片
領片位置

反摺線

4 mm

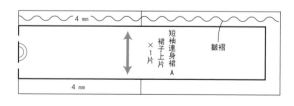

4 mm

短袖連身裙 A
裙子上片×1片

皺褶

4 mm

短袖連身裙 A
領片×2片

2 mm

2 mm

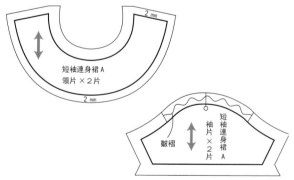

短袖連身裙 A
袖片×2片

皺褶

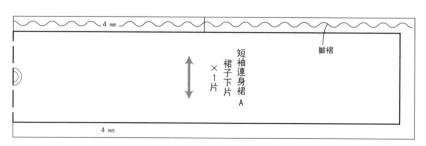

4 mm

短袖連身裙 A
裙子下片×1片

皺褶

4 mm

毛流剪短的部分

毛流的方向

貓耳連帽背心帽子前片×1片 M

貓耳連帽背心 上身後片×1片

貓耳連帽背心 上身前片×2片

貓耳連帽背心帽子 帽子後片×1片 M

貓耳位置

貓耳位置

貓耳位置

貓耳位置

貓耳連帽背心 領圍×1片

貓耳連帽背心帽子 帽子前片×1片 L

貓耳位置

貓耳位置

貓耳位置

貓耳位置

貓耳×2片 牙口 貓耳連帽背心帽子 M

貓耳連帽背心帽子 帽子後片×1片 L

貓耳×2片 牙口 貓耳連帽背心帽子 L

133

018 / 吊帶背心短褲套組 p111

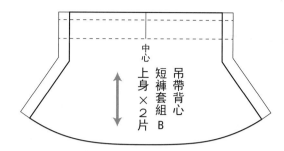

中心
吊帶背心短褲套組B 上身×2片

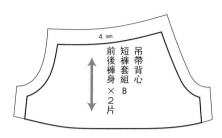

4 mm
吊帶背心短褲套組B 前後褲身×2片

019 / 襪子 p117

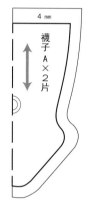

4 mm
襪子A×2片

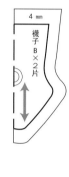

4 mm
襪子B×2片

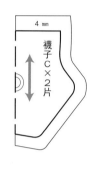

4 mm
襪子C×2片

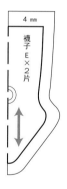

4 mm
襪子E×2片

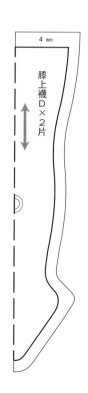

4 mm
膝上襪D×2片

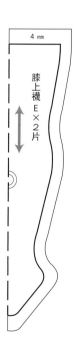

4 mm
膝上襪E×2片

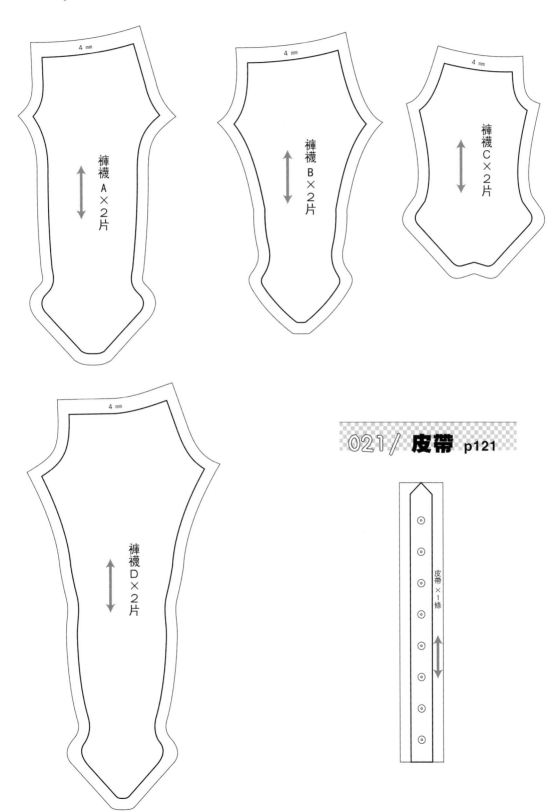

020／ **褲襪** p119

4 mm

褲襪 A×2片

4 mm

褲襪 B×2片

4 mm

褲襪 C×2片

4 mm

褲襪 D×2片

021／ **皮帶** p121

皮帶×1條

Profile

AffettoAmoroso　hinaki

自 2001 年起從事娃娃服裝的製作，原本以 1/3 或 1/6 小尺寸的服裝製作為主，而後開始轉至 1/12 袖珍版服裝的製作。2014 年正式開始接受 1/12 袖珍娃娃的服裝訂製。尺寸袖珍，設計符合娃娃的體型且合身，深獲好評。以娃娃廠商委託製作的設計經驗為基礎，每日精益求精，希望設計出讓娃娃更加精緻可愛的紙型。此外，於 2017 年起開始以團隊方式，從事擬真小物與家具的製作，並且出版許多娃娃相關的專門書籍。

https://twitter.com/AffettoAmoroso_
http://hinaki1015.blog56.fc2.com

Staff

書本設計　橘川幹子

Photo　AffettoAmoroso

紙型描圖　MONO

協力　裏花火（印章製作）
　　　株式會社 AZONE INTERNATIONAL
　　　株式會社 OBITSU 製作所
　　　株式會社壽屋
　　　株式會社 GOOD SMILE COMPANY
　　　UniRose（豆本製作）
　　　（省略敬語，依 50 音排序）

編輯協助　kishimuyotya 企劃

企劃與編輯　長又紀子（Graphic 社）

國家圖書館出版品預行編目（CIP）資料

第一次製作 1/12 袖珍娃娃服裝設計：基本款的縫製方法與訣竅 / Affetto Amoroso作；黃姿頤翻譯. -- 新北市：北星圖書, 2020.09
　　面；　公分
　ISBN 978-957-9559-46-1(平裝)

1.洋娃娃 2.手工藝

426.78　　　　　　　　　　　　　　109007520

第一次製作 1/12 袖珍娃娃服裝設計 基本款的縫製方法與訣竅

作　　者／Affetto Amoroso
翻　　譯／黃姿頤
發 行 人／陳偉祥
發　　行／北星圖書事業股份有限公司
地　　址／234新北市永和區中正路458號B1
電　　話／886-2-29229000
傳　　真／886-2-29229041
網　　址／www.nsbooks.com.tw
E－MAIL／nsbook@nsbooks.com.tw
劃撥帳戶／北星文化事業有限公司
劃撥帳號／50042987
製版印刷／皇甫彩藝印刷股份有限公司
出 版 日／2020年9月
I S B N／978-957-9559-46-1
定　　價／450元

如有缺頁或裝訂錯誤，請寄回更換。

Japanese edition creative staff
Book design: Motoko Kitsukawa
Photo: AffettoAmoroso
Pattern design: Mono
Production cooperation: Urahanabi, AZONE INTERNATIONAL Co.,ltd, KOTOBUKIYA CO., LTD., GOOD SMILE COMPANY, INC., UniRose
Editing assistance: Kishimu Youcha Kikaku
Planning and editing: Noriko Nagamata (Graphic-sha Publishing Co., Ltd.)

臉書粉絲專頁　　　　　LINE 官方帳號